化工原理实验

主编　徐强　胡承波　王维勋

中国水利水电出版社
www.waterpub.com.cn
·北京·

内 容 提 要

本教材以化工实验研究的共性以及处理工程问题的实验研究方法为主，注重实验教材的实践性和单元操作的工程性，强调研究方法和工程观点的培养，并在内容的编排取材上注重理论联系实际和运用实验的方法论解决工程问题，并注重计算机技术和软件的应用。本教材可作为高等学校化学化工及相关专业的实验教材，亦可作为材料、环境、生物工程、医药、机械、自动化信息控制等部门从事研究、设计与生产的工程技术人员的技术参考书。

图书在版编目（CIP）数据

化工原理实验/徐强，胡承波，王维勋主编. —北京：中国水利水电出版社，2016.12（2025.4重印）

ISBN 978-7-5170-4941-8

Ⅰ.①化… Ⅱ.①徐… ②胡… ③王… Ⅲ.①化工原理—实验—高等学校—教材 Ⅳ.①TQ02-33

中国版本图书馆 CIP 数据核字（2016）第 300443 号

责任编辑：杨庆川 陈 洁　　封面设计：马静静

书 名	化工原理实验 HUAGONG YUANLI SHIYAN
作 者	主编 徐 强 胡承波 王维勋
出版发行	中国水利水电出版社 （北京市海淀区玉渊潭南路 1 号 D 座 100038） 网址：www.waterpub.com.cn E-mail：mchannel@263.net（万水） sales@waterpub.com.cn 电话：（010）68367658（营销中心）、82562819（万水）
经 售	全国各地新华书店和相关出版物销售网点
排 版	北京鑫海胜蓝数码科技有限公司
印 刷	三河市佳星印装有限公司
规 格	170mm×240mm 16 开本 13.75 印张 178 千字
版 次	2017 年 1 月第 1 版 2025 年 4 月第 4 次印刷
印 数	0001—2000 册
定 价	42.00 元

凡购买我社图书，如有缺页、倒页、脱页的，本社营销中心负责调换

版权所有·侵权必究

《化工原理实验》编写委员会

主　　编　徐　强　胡承波　王维勋

副 主 编　朱　江　何家洪　李国强　吴飞跃

编写人员　（按姓氏笔画为序）

王维勋　朱　江　孙向卫　李国强

吴飞跃　何家洪　张光才　罗　燕

孟江平　胡承波　徐　迪　徐　峥

徐　强　凌立新　黄孟军

前 言

《化工原理实验》是化工原理课程教学中的一个重要环节，是化学、化工、制药工程等理工科专业学生必修的一门专业技术课程。学生通过对《化工原理实验》课程的学习，可加深和巩固对化工原理课程所讲述的基本原理，在培养其分析和解决工程实际问题以及开展科学研究和创新能力方面均起着十分重要的作用。近年来，随着化工原理实践教学和教学改革的不断深入，实验装置的不断更新，教学手段的不断提高，计算机在实验数据处理方面的广泛应用，编写新的《化工原理实验》教材以适应新时期应用型人才的培养已成为当前实践教学的迫切需要。

本教材是编者根据多年的实践教学经验以及前期撰写的《化工原理实验》讲义，并参考了国内外有关教材编写而成的，主要对化工原理的基本实验、演示实验内容进行了修订，并新增加了化工原理实验的基本要求、实验数据的处理、实验室常用仪器的使用以及一些化工物性数据等内容。

本教材以化工实验研究的共性以及处理工程问题的实验研究方法为主，注重实验教材的实践性和单元操作的工程性，强调研究方法和工程观点的培养，并在内容的编排取材上注重理论联系实际和运用实验的方法论解决工程问题，并注重计算机技术和软件的应用。因此本教材可作为高等学校化学化工及相关专业的实验教材，亦可作为材料、环境、生物工程、医药、机械、自动化信息控制等部门从事研究、设计与生产的工程技术人员的技术参考书。

由于编者学识水平有限和经验不足，不妥之处在所难免，诚请广大读者批评指正，敬请提出宝贵意见和建议。

编　者

2016 年 7 月

目　　录

第1章　化工原理实验概论

1.1　化工原理实验的教学地位与特点

《化工原理实验》课程是化学工程与工艺、制药工程、应用化学、环境工程、高分子材料等专业的专业技术课程。该课程是配合化工原理课堂理论教学设置的实验课，运用课堂学过的化工基本理论，通过实验从实践中进一步学习、掌握和运用基本理论，分析实验过程中的各种现象和问题，培养学生动手操作实验设备的能力，分析、归纳、整理实验结果及撰写实验报告的能力，以及严肃认真、实事求是的工作作风。因此《化工原理实验》是培养学生工程设计能力、工程实践能力以及创新能力的重要教学环节，与理论课具有同等重要的教学地位。

化工原理实验属于工程实验的范畴，其实验是面对复杂的实际问题和工程问题而非基础课程实验面对的简单的基本问题。由于化学工程的发展，目前对于工程实验主要采取两种研究方法：即实验方法和数学模型方法。实验方法是在因次论的指导下，通过实验直接测量各变量之间的关系，以表格、线图和图表的形式表示出来。这种在因次论指导下的实验，不需要对过程进行深入的理解，不需要采用真实的物料、真实的流体或实际的设备尺寸，只需在实验室小规模的设备中，用易得的物料进行实验，就可得出对工程实际问题具有指导意义的结论，并可将实验结果概括成经验方程。而采用数学模型处理问题，需要先对复杂的数学问题进行简化，提出一个接近实际的物理模型和以方程表示的数学模型,进而确定方程的初始条件并求解方程。这种数学模型的方法同样具有以小见大、由此及彼的功能。由此可见,只有通过实验,才能掌握过程的主要影响因素,使得数学模型简单、准确。因此,以工程实验为特点和数据处理方法的化工原理实验在化学工程的发展中仍将起着非常重要的作用。

1.2 化工原理实验的教学目的

面对21世纪科学技术的迅猛发展,培养具有创新思维和创新能力的高素质人才是时代对于高校人才培养目标的要求。化工及相关专业的学生在掌握大量专业理论知识的基础上,还必须具备一定的实验开发研究能力。通过对化工原理实验课程的教学,应让学生达到以下的教学目的。

1.2.1 加深对基本概念、基本理论的理解

化工原理课程中涉及许多基本概念、基本理论、公式,如果只从书本上去理解不仅难度大,印象不深,而且学生缺乏运用所学的知识去解决实际问题的能力。通过化工原理实验,可使学生对基本概念、基本理论有更进一步的理解,可验证和巩固化工原理理论知识;还可使学生对公式中各种参数的来源及使用范围有更深入的认识,促使学生理论联系实际,运用所学理论去指导实验工作,预测某些参数的变化对过程的影响。

1.2.2 帮助学生掌握处理工程问题的方法

化工原理实验正是通过特定的工程实验过程的研究,进而培养学生掌握基本的工程实验技能以及处理工程实践问题的方法,能独立从事科学研究和技术开发工作的能力。这些实验的基本

过程包括以下几个方面:确定实验目标→设计实验方案→实验、观察和测取实验数据→数据处理以获取实验结果→书写实验报告。

1.2.3　培养学生实事求是、严肃认真的学习态度

实验研究是实践性很强的工作,化工原理实验要求学生具有一丝不苟的工作作风和严肃认真的工作态度,从实验操作、现象观察到数据处理等各个环节都来不得丝毫马虎。如果粗心大意、敷衍了事,轻则实验数据不好,得不出结论,重则会造成设备或人身事故。

1.2.4　掌握常见化工设备的测试方法

掌握化工常用仪表(温度计、压力计、流量计、功率表等)的使用方法和化工物性数据(操作参数、特性曲线等)的基本测试技术。增强工程观点,掌握工程实验的研究方法。通过熟悉化工原理实验装置的流程、结构和操作,掌握化工原理实验的方法和技巧。

1.2.5　提高数据处理和分析问题的能力,撰写总结性的实验报告

学生根据化工原理理论手工或计算机处理化工原理实验数据,以数字拟合方程或图表等科学形式表述实验结果,并进行必要的、有效的分析与讨论,最后撰写总结性的实验报告。

1.3　化工原理实验的教学要求

化工原理实验主要涉及动量、热量和质量传递的化工单元操

作。要求学生不仅需要掌握扎实的化工理论知识,还需较强的动手能力、分析解决问题的能力。因此,为了保证教学质量,要求每个学生在实验前必须做到以下几点。

1.3.1 实验前的预习

实验前的预习工作对化工原理实验教学来说非常重要,良好的实验预习可以帮助学生尽快深入实验现场开展操作,为顺利完成实验奠定基础。

①认真阅读实验教材,正确理解实验目的及要求。

②结合化工原理理论教材,强化化工原理实验的理论基础。

③结合实验流程图,熟悉实验流程、装置及主要设备的结构,了解测控仪表的使用方法,熟悉实验步骤和数据测量的方法,力争做到对所测数据及其变化趋势心中有数。

④预先做好原始数据记录表格。

1.3.2 实验中的操作

化工原理实验一般由 3~4 人为一组,实验操作时要求大家对实验参数调节、实验参数测量、实验数据读取和记录等工作协同进行,做到既分工又合作,共同完成好实验。

①实验操作前,对管道、设备、仪表、阀门等进行检查,确认符合实验要求后才能开始实验操作。

②实验操作时,如实按照仪表显示的数据进行记录。对实验中发生的各种现象要分析是否正常,对实验中测得的各种数据要判断是否合理。若实验过程中出现反常现象或反常数据时必须找出原因加以解决或做出合理解释,必要时进行实验返工。

③实验数据的读取与记录。实验操作稳定后开始读取数据,条件改变时必须稳定一段时间后才能读取数据(具体的稳定时间随具体实验的操作状态而定),否则可能出现因仪表滞后而导致

读数不准的现象。记录数据时要记录到仪表最小分度的下一位数。数据记录后必须立刻复核确保不出现读错或写错现象。若实验中出现不正常情况或数据有明显误差时，应在备注栏中注明。除了记录试验中测量的数据外，还应将装置设备的有关尺寸、大气条件等数据一起记录下来。注意：原始实验数据必须记录在预先准备好的实验预习表中（包括各项待测物理量的名称、符号和单位）。实验测量全部结束后，学生要把原始实验数据记录表交给实验指导教师审阅，经实验指导教师确认实验数据有效并签字后生效。

注意：实验数据不经重复实验不得修改，更不得伪造数据。

④实验结束后，按照实验要求的顺序先后关闭气源、水源、测试仪表、连接阀门及电源等。

1.3.3　实验后的总结

实验完成后，学生应认真完成实验报告的撰写工作。实验报告的撰写是整个实验的最后一个环节，也是学生进行综合训练的重要环节。实验报告必须书写工整，图表清晰，结论明确，分析中肯。实验报告应包括以下几方面的内容。

①实验报告题目。

②实验时间、报告人、同组人。

③实验目的。

④实验原理。

⑤实验步骤。

⑥实验数据处理过程。

⑦实验结果及结论。

⑧问题讨论。

1.4　化工原理实验室注意事项

化工原理实验中电器设备较多，某些设备的电负荷也较大。

在接通电源之前，必须认真检查电器设备和电路是否符合规定要求，对于直流电设备应检查正负极是否接对。必须搞清楚整套实验装置的启动和停止操作顺序，以及紧急停止的方法。注意安全用电，对电器设备必须采取安全措施。操作者必须严格遵守下列操作规程。

①进行实验之前必须了解室内总闸与分电闸的位置，以便出现用电事故时，及时切断电源。

②电器设备维修时必须停电作业。

③带金属外壳的电器设备都应该保护接零，定期检查是否连接良好。

④导线的接头应紧密牢固，接触电阻要小。裸露的接头部分必须用绝缘胶布包好，或者用绝缘管套好。

⑤所有的电器设备在带电时不能用湿布擦拭，更不能有水落于其上。电器设备要保持干燥清洁。

⑥电源或电器设备上的保护熔断丝或保险管，都应按规定电流标准使用。严禁私自加粗保险丝或用铜丝、铝丝代替。当保险丝熔断后，一定要查找原因，在消除隐患后换上新的保险丝。

⑦电热设备不能直接放在木制试验台上使用，必须用隔热材料垫架，以防引起火灾。

⑧发生停电现象必须切断所有的电闸。防止操作人员离开现场后，因突然供电而导致电器设备在无人监视下运行。

⑨合闸动作要快，要合得牢。合闸后若发现异常声音或气味，应立即拉闸，进行检查。如发现保险丝熔断，应立刻检查带电设备上是否有问题，切忌不经检查便换上熔断丝或保险管就再次合闸，这样会造成设备损坏。

⑩离开实验室前，必须关闭实验室的电源总闸。

第2章　实验误差及数据处理

通过实验测量所得的大批数据是实验的主要成果，但在实验中，由于测量的不稳定性、测量仪表和人的观察能力等方面的原因，实验数据总存在着一些误差，所以在整理这些数据时，为了保证最终实验结果的准确性，首先应对实验数据的可靠性进行客观评价，也就是需对实验数据进行误差分析。

误差分析的目的就是评价实验数据的精确性或误差。通过误差分析，可以认清误差的来源及影响，并设法排除数据中所包含的无效成分，在实验中注意哪些是影响实验精确度的主要方面，细心操作，从而提高实验的精确度。

2.1　有效数字及运算规则

在分析测试中，数据的记录究竟应恰当地保留到几位，才符合客观测量准确程度；在处理实际数据时，对于多种测量准确度不同的数据，遵循何种计算规则，才能既反映客观测量准确度的实际，又能节约计算时间，是本节介绍的内容。

2.1.1　实验数据的有效数字和记数法

有效数字是指在分析工作中实际上能测量到的数字。记录测量数据的位数（有效数字的位数）必须与所使用的方法及仪器的准确程度相适应，换言之，有效数字能反映测量准确到什么程度。

保留有效数字位数的原则是：在记录测量数据时，只允许保留一位可疑数，即数据的末位数欠准，其误差是末位数的±1个单位。

例如，用50 ml量筒量取25 ml溶液，由于该量筒只能准确到1 ml，因此只能记为两位有效数字25 ml。换言之，两位有效数字25 ml，说明末位的5可能存在±1 ml的误差，记录必须与实际相符。若用25 ml移液管量取25 ml溶液，则应记成25.00 ml，因为移液管可准确到0.01 ml。因此，取4位有效数字，及其末位可能有±0.01 ml的误差。

0～9这十个数字中，只有0既可以是有效数字，也可以是作为定位用的、和测量准确度无关的数字。例如，称量数据0.06050 g，6后面的两个0都是有效数字，末位0说明该质量可准确至1/100000 g，因此该数据为4位有效数字；6前面的两个0则是用于定位的数字。当单位改变时，0的个数也发生变化，如用mg表示为60.50 mg，用kg表示为0.00006050 kg。有时，一个较大数字的“0”只是用于定位，并不一定代表有效数字。如725000可以是3、4、5或6位有效数字。为了正确反映有效数字的位数，最好用科学计数法。如用3位有效数字，可记为7.25×10^4；为4位，则记为7.250×10^4；依此类推。按照科学计数法，对很小的数如0.06050 g写成6.050×10^{-2} g，仍然是4位有效数字。

应注意变换单位时有效数字的位数必须保持不变。例如，10.00 ml可写成0.01000 L；10.5 L应写成1.05×10^4 ml。首位为8或9的数字有效数字可多计一位，这是由于首位数大的数字同样的绝对误差相对误差小，如86 g可视为3位有效数字。pH及pK_a等对数值，由于其整数部分的数字只代表原值的幂次，因此其有效数字仅取决于小数部分数字的位数。如pH为8.02的有效数字是两位。用计算器计算时，在计算过程中可能保留了过多的位数，理论上不符合测量值的实际可靠性，反而增加了计算量，故最好能够先取舍后计算。最后计算结果必须按与方法、仪器准确度相适应的有效数字位数进行取舍。

2.1.2　有效数字的运算法则

在计算分析结果时，每个测量值的误差都要传递至分析结果。应该根据误差传递规律，按照有效数字的运算法则合理取舍，才能正确表达分析结果的准确度。

在做数学运算时，加减法与乘除法的误差传递方式不同，分述如下：

1. 加减法

加减法的和或差的误差是各个数值绝对误差的传递结果。所以，计算结果的绝对误差必须与各数据中绝对误差最大的那个数据相当，即几个数据相加或相减的和或差的有效数字的保留，应以小数点后位数最少（绝对误差最大）的数据为据。例如，以下三式：

Ⅰ	Ⅱ	Ⅲ
0.5362	9.0053	
0.0014	1.9724	4.2598
+0.25	+0.0003	−4.2595
0.79	10.9780	0.0003

在Ⅰ式中，3 个数据的绝对误差不同，计算结果的有效数字的位数由绝对误差最大的第 3 个数据决定，即 2 位。Ⅱ、Ⅲ式各数据的绝对误差都一样，则和或差的有效数字的位数由加、减结果决定，无须修约。因此，Ⅱ、Ⅲ式的计算结果分别为 6 位与 1 位有效数字。通常为了便于计算，可先按绝对误差最大的数据修约其他各数据，而后计算。如Ⅰ式，可先把 3 个数据修约成 0.54、0.00 及 0.25 再相加。

2. 乘除法

乘除法的积或商的误差是各个数据相对误差的传递结果，即几个数据相乘、除时，积或商的有效数字该保留的位数，应以参加运算的数据中相对误差最大的那个数据为依据。例如，0.12×9.6782，可先修约成0.12×9.7，正确结果应是1.2。

2.1.3 有效数字的修约规则

在数据处理过程中各测量值的有效数字的位数可能不同，在运算时按一定的规则确定有效数字的位数后，舍去多余的位数，称为数字修约。其基本原则如下：

①四舍六入五成双规则。该规则规定：测量值中被修约数等于或小于4时，舍弃；等于或大于6时，进位；等于5时，若进位后测量值的末位数变成偶数，则进位；若进位后测量值的末位数变成奇数，则舍弃；若5后还有非零数，说明被修约数大于5，则进位。

【例2-1】 将测量值4.135、4.125、4.105、4.1251、4.1250及4.1349修约为3位数。

解：4.135修约为4.14；4.125修约为4.12；4.105修约为4.10(0视为偶数)；4.1251修约为4.13；4.1250修约为4.12；4.1329修约为4.13。

过去沿用“四舍五入”，见5就进，能引入明显的舍入误差，使修约后的数值偏高。“四舍六入五成双”规则是逢5有舍、有入，使由5的舍、入引起的误差，可以自相抵消。目前，在数字修约中多采用此规则。

②只允许对原测量值一次修约至所需位数，不能分次修约。

例如，4.1349修约为3位数。不能先修约成4.135，再修约为4.14，只能修约成4.13。

③在大量数据运算时，为防止误差迅速累积，对参加运算的所有数据可先多保留一位有效数字(称为安全数，可用小一号字表示)。运算后，再将结果修约成与最大误差数据相当的位数。

【例2-2】 计算5.3528、2.3、0.055及3.35的和。

解：按加减法的运算规则，计算结果只应保留一位小数。但

在计算过程中可以多保留一位，于是上述数据计算，可写成

$$5.35+2.3+0.06+3.35=11.06$$

计算结果应修约成 11.1。

④修约标准偏差。修约的结果应使准确度变得更差一些。例如，某计算结果的标准偏差为 0.213，取两位有效数组，宜修约成 0.22；取一位有效数字修约为 0.3。在做统计检验时，标准偏差可多保留 1～2 位数参加运算。

2.2　实验误差的分类与处理

2.2.1　误差的定义

任何定量分析，都是由测量者取一定量样品（供试品），利用其所含被测组分的某种物理、化学性质，如质量、体积、吸光度、pH 等，来测定其含量。由于受分析方法、测量仪器、试剂和分析工作者的主观因素等方面的限制，测量结果不可能与真实含量完全一致。这种测量值与真实值之间的差异，称为误差。误差的大小是衡量一个测量值的不准确性的尺度，反映测量准确性的高低，误差越小，测量的准确性越高。

2.2.2　误差的分类及表示方法

按照误差的性质和来源，可把误差分为系统误差和偶然误差两类。测量值中的误差，主要有两种表示方法：绝对误差与相对误差。

1. 系统误差

系统误差也叫可定误差或偏倚。系统误差是由某种确定的

原因引起的，一般有固定的方向（正或负）和大小，重复测定时重复出现。根据系统误差的来源，可分为方法误差、仪器（或试剂）误差及操作误差三种。

（1）方法误差

方法误差是由于不适当的分析方法选择或实验设计所引起的，通常方法误差的影响较大。例如，在进行质量分析时，选择的方法不当，而使沉淀的溶解度较大或有共沉淀现象发生；在进行滴定分析时，滴定终点的确定与化学计量点不符等，都会产生方法误差。方法误差的存在，使测定结果偏高或者偏低，误差具有固定的方向。

（2）仪器或试剂误差

仪器或试剂误差是由仪器未经校准或试剂不合格所引起的。例如，天平砝码不准、容量仪器刻度不准及试剂不纯等，均能产生这种系统误差。

（3）操作误差

操作误差是由于分析工作者的操作不符合要求造成的。例如，分析工作者对滴定终点颜色改变的判断能力不佳，总是偏深或偏浅，便会产生这种误差。

在一个测定过程中这三种误差都可能存在。如果在多次测定中系统误差的绝对值保持不变，但相对值随被测组分含量的增大而减少，则称为恒定误差。滴定分析中的滴定终点误差便属于这种误差。如果系统误差的绝对值随样品量的增大而成比例增大，相对值不变，则称为比例误差。例如，在用重量法测定明矾中的铝含量时，用氨水作沉淀剂，若氨水中含有硅酸，便能与 $Al(OH)_3$ 共沉淀。明矾的取样量越大，需要的氨水越多，造成的绝对误差越大，但相对误差值基本不变。有时系统误差的绝对值虽然随样品量的增大而增大，但不成比例。

因为系统误差是以固定的方向和大小出现，并具有重复性，所以可用加校正值的方法予以消除，但不能用增加平行测定次数的方法减免。

2. 偶然误差

偶然误差，或称随机误差或不可定误差，是由偶然的原因引起的。通常是测量条件，如实验室温度、湿度或电压波动等，有变动而得不到控制，使测量值异于正常值。偶然误差的大小和正负均不固定是其特征。偶然误差的影响虽然不一定很大，但不能用加校正值的方法减免。

偶然误差的出现虽然有时无法控制，但如果多次测量就会发现，它们的出现服从统计规律，即大偶然误差出现的概率小，小偶然误差出现的概率大；绝对值相同的正、负偶然误差出现的概率大体相等。因此，它们之间常能相互完全或部分抵消，所以可以通过增加平行测定次数，减免测量结果中的偶然误差；也可以通过统计方法估计出偶然误差值，并在测定结果中予以正确表达。

系统误差：与偶然误差有时不能截然区分。例如，观察滴定终点颜色的改变，有人总是偏深，产生属于操作误差的系统误差。但他在多次测定观察滴定终点的深浅程度时，又不可能完全一致，因而产生偶然误差。因此，在总的滴定误差中，这两种误差经常纠缠在一起，不能截然区分。

3. 绝对误差

测量值与真值（真实值）之差称为绝对误差。若以 x 代表测量值，以 μ 代表真实值，则绝对误差 δ 为

$$\delta = x - \mu \tag{2-2-1}$$

绝对误差是以测量值的单位为单位，可以是正值，也可以是负值，即测量值可能大于或小于真值。测量值越接近真值，绝对误差越小；反之，则越大。

4. 相对误差

绝对误差与真值的比值称为相对误差。相对误差反映测量误差在测量结果中所占的比例，它没有单位，则相对误差表示为

$$\frac{\delta}{\mu}=\frac{x-\mu}{\mu} \tag{2-2-2}$$

通常相对误差以%或‰表示。如果不知道真值，但知道测量的绝对误差，则相对误差也可以测量值 x 为基础表示

$$相对误差=(\delta/x)\times100\% \tag{2-2-3}$$

举例说明绝对误差与相对误差的计算与意义。

【例 2-3】 测定纯 NaCl 中氯的质量分数为 60.52%，而其真实含量(理论值)应为 60.66%。计算测定结果的绝对误差和相对误差。

解：绝对误差＝60.52%－60.66%＝－0.14%

$$相对误差=\frac{60.52\%-60.66\%}{60.66\%}\times1000‰$$

$$=-2.3‰$$

在分析工作中，大多使用相对误差衡量分析结果，而且相对误差的大小还能提供正确选择分析仪器的依据。

例如，用分析天平称量两个样品：一个是 0.0021 g；另一个是 0.5432 g。两个测量值的绝对误差都是 0.0001 g，但相对误差却大不相同。前一个是(1/21)×100%；后一个是(1/5432)×100%，前者比后者大得多。可见，虽然测量的绝对误差相同，但两个样品中被测组分含量高低不同，则相对误差却差别很大。因此，对于高含量组分测定的相对误差应当要求严一些，如常量化学定量分析，一般要求相对误差＜0.3%；对于低含量组分测定的相对误差可以允许大一些，如微量仪器分析，相对误差一般为 10^{-2} 数量级。换言之，在相对误差要求固定时，测定高含量组分分析时，可选用灵敏度较低的仪器；对低含量组分的测定，则应选用灵敏度较高的仪器。

5. 真值与标准参考物质

由于任何测量都存在误差，因此实际测量不可能得到真值，而只能逼近真值。可知的真值，一般有三类：理论真值、约定真值及相对真值。

①理论真值:如三角形的内角之和为 180°等。

②约定真值:由国际计量大会定义的单位(国际单位)及我国的法定的计量单位是约定真值。国际单位制的基本单位有 7 个:长度、质量、时间、电流强度、热力学温度、发光强度及物质的量。在 7 个基本单位中物质的量的单位(摩尔)与分析化学最为密切。国际相对原子质量委员会每逢单数年修订一次相对原子质量,因此各元素的相对原子质量都是约定真值。推而广之,物质的理论含量也是约定真值。

③相对真值:在分析工作中,由于没有绝对纯的化学试剂,因此也常用标准参考物质所给出的含量作为相对真值。

标准参考物质:标准参考物质必须具有很好的均匀性与稳定性;其含量测量的准确度至少要高于实际测量的 3 倍,一般应该经公认的权威机构鉴定合格,才可作为分析标准参考物质使用。我国通常把标准参考物质称为标准试样、标样、标准品或对照品。

约定真值与相对真值是分析化学工作中最常用的真值。如果上述三种真值都不知道,也可以把有经验的人,用可靠的方法、仪器对标准试样进行多次测定所得结果的平均值作为真值的替代值。

2.2.3 实验误差的估算及分析

1. 准确度与误差

准确度表示分析结果与真实值接近的程度。测量值与真实值越接近,就越准确。准确度的大小,用绝对误差或相对误差表示。误差越大,准确度越低;反之,准确度越高。例如,一个物体的真实质量是 10.000 g,某人称重为 10.001 g,另一人称重为 10.008 g。前者的绝对误差是 0.001 g;后者的绝对误差是 0.008 g。10.001 g 比 10.008 g 的绝对误差小,所以前者比后者称重更准确,或者说前一结果比后一结果的准确度更高。

进行多次平行测量时，以它们的算术平均值与真实值接近的情况判断准确度。评价一个分析方法的准确度，除了将测定结果与已知准确度的另一个方法的测定结果比较外，常用回收率（%）表示。测定其含量后计算回收量（即测得量）和加入量的比值（%）即为回收率。原料率可用已知纯度的对照品或供试品进行测定，制剂可用含已知量被测物的各组分混合物进行测定，如果不能得到全部组分，也可向制剂中加入已知量的被测物进行测定加样回收率。

2. 精密度与偏差

在规定的测试条件下，用同一均匀供试品，经多次取样，测量的各实验值之间互相接近的程度，称为精密度。各测量值间越接近，精密度就越高，越精密；反之，则精密度低。

精密度可用偏差、相对平均偏差、标准偏差与相对标准偏差表示。但通常多用相对标准偏差表示。

偏差：测量值与平均值之差称为偏差。偏差越大，精密度越低。若令 $\overline{x}$ 代表一组平行测定的平均值，则单个测量值 x_i 的偏差 d 为

$$d = x_i - \overline{x} \tag{2-2-4}$$

其中 d 值有正有负。各单个偏差绝对值的平均值称为平均偏差 $\overline{d}$，即

$$\overline{d} = \frac{\sum_{i=1}^{n} |x_i - \overline{x}|}{n} \tag{2-2-5}$$

式中，n 为测量次数。

应当注意，平均偏差都是正值。

相对平均偏差定义为：

$$\frac{\overline{d}}{\overline{x}} \times 100\% = \frac{\sum_{i=1}^{n} (|x_i - \overline{x}|)/n}{\overline{x}} \times 100\% \tag{2-2-6}$$

相对平均偏差有时也用‰表示。

标准偏差或称标准差定义如式(2-2-7)所示。使用标准偏差突出了较大偏差的存在对测量结果的影响。

$$S=\sqrt{\frac{\sum_{i=1}^{n}(x_i-\bar{x})^2}{n-1}} \text{ 或 } S=\sqrt{\frac{\sum_{i=1}^{n}x_i^2-\frac{1}{n}\left(\sum_{i=1}^{n}x_i\right)^2}{n-1}} \tag{2-2-7}$$

式中,S 为标准偏差。

相对标准偏差或称变异系数。算式如下：

$$\mathrm{RSD}=\frac{S}{\bar{x}}\times 100\%=\frac{\sqrt{\frac{\sum_{i=1}^{n}(x_i-\bar{x})^2}{n-1}}}{\bar{x}}\times 100\% \tag{2-2-8}$$

实际工作中常用RSD表示分析结果的精密度。

【例2-4】 5次标定某溶液的浓度,结果为0.2041 mol/L、0.2049 mol/L、0.2043 mol/L、0.2039 mol/L 和 0.2043 mol/L。计算测定结果的平均值 $\bar{x}$、平均偏差 $\bar{d}$、相对平均偏差 $\bar{d}/\bar{x}$ (‰)、标准偏差 S 及相对标准偏差 RSD(%)。

解：$\bar{x}=(0.2041+0.2049+0.2043+0.2039+0.2043)/5$

$=0.2043$ mol/L

$d=(0.0002+0.0006+0.0000+0.0004+0.0000)/5$

$=0.0002$ mol/L

$\bar{d}/\bar{x}=(0.0002/0.2043)\times 100‰=0.98‰=1‰$

$$S=\sqrt{\frac{(0.0002)^2+(0.0006)^2+(0.0000)^2+(0.0004)^2+(0.0000)^2}{5-1}}$$

$=0.0004$ mol/L

$\mathrm{RSD}=(0.0004/0.2043)\times 100\%=0.2\%$

重复性、中间精密度和重现性:《中华人民共和国药典》2015年版附录“药品质量标准分析方法验证指导原则”将精密度分为重复性、中间精密度和重现性。在相同条件下,同一分析人员测定所得结果的精密度为重复性;在同一个实验室,不同时间由不同分析人员用不同设备测定结果之间的精密度,称为中间精密度;在不同实验室由不同分析人员测定结果之间的精密度,称为重现性。

3.准确度与精密度的关系

精密度是保证准确度的前提条件,没有好的精密度就不可能有好的准确度。因为事实上,准确度是在一定的精密度下,多次测量的平均值与真实值相符的程度。

举例说明定量分析中的准确度与精密度的关系。有 4 个人对某同一样品进行测定,每人都测定 6 次。样品的真实含量为 10.00%。他们的测定结果如图 2-2-1 所示。

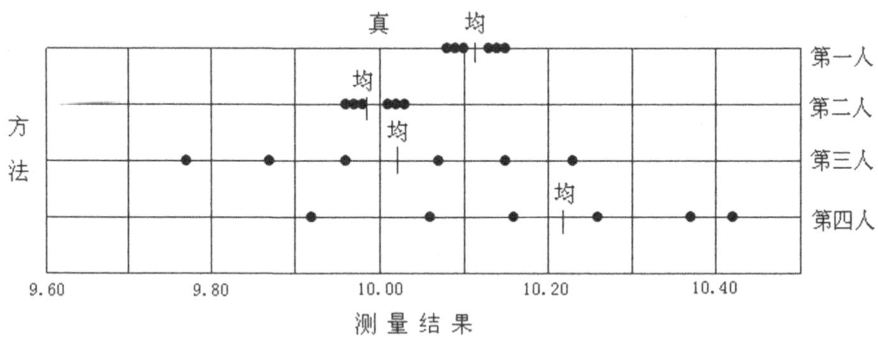

图 2-2-1　定量分析中的准确度与精密度

由图 2-2-1 可以看出,第一人测量结果的精密度好,准确度不好;第二人的精密度、准确度都好;第三人的精密度不好,准确度好;第四人的精密度、准确度都不好。

从上述例子可以得出结论:一组测量值的精密度高,其平均值的准确度未必也高。这是因为每个测量值中可能都包含一种恒定的系统误差,而使测量值偏高或偏低。进而说明精密度好的测量值,可以用加校正值的方法减免系统误差。精密度与准确度都好的测量值才最可取。因此,精密度是保证准确度的先决条件。并且,只有在消除了系统误差的情况下,才可用精密度表达准确度,测量值的准确度表示测量结果的正确性,测量值的精密度表示测量结果的重复性或重现性。

4. 误差的传递

定量分析的结果，通常不能只由一步直接测量得到，而是由多步测量，并通过计算得到的。这中间每一步测量都可能有误差，而这些误差都要引入分析结果。因此，我们必须了解每步的测量误差对分析结果的影响，即误差传递。

（1）系统误差的传递

如果定量分析中各步测量误差是可定的，则系统误差传递的规律如表 2-2-1 中第二栏所示。这个规律可概括为两条：①和、差的绝对误差等于各测量值绝对误差的和、差；②积、商的相对误差等于各测量值相对误差的和、差。

表 2-2-1　测量误差对计算结果的影响

运算式	系统误差	偶然误差	
		极值误差法	标准偏差法
1. $R=x+y-z$	$\delta R=\delta x+\delta y-\delta z$	$\Delta R=\lvert\Delta x\rvert+\lvert\Delta y\rvert+\lvert\Delta z\rvert$	$S^2=S_x^2+S_y^2+S_z^2$
2. $R=x\cdot y/z$	$\frac{\delta R}{R}=\frac{\delta x}{x}+\frac{\delta y}{y}-\frac{\delta z}{z}$	$\frac{\Delta R}{R}=\left\lvert\frac{\Delta x}{x}\right\rvert+\left\lvert\frac{\Delta y}{y}\right\rvert+\left\lvert\frac{\Delta z}{z}\right\rvert$	$\left(\frac{S_R^2}{R}\right)^2=\left(\frac{S_x^2}{x}\right)^2+\left(\frac{S_y^2}{y}\right)^2+\left(\frac{S_z^2}{z}\right)^2$
3. $R=f(x,y,z,\cdots)$	$\delta R=\left(\frac{\partial R}{\partial x}\right)\delta x+\left(\frac{\partial R}{\partial y}\right)\delta y+\left(\frac{\partial R}{\partial z}\right)\delta z+\cdots$	$\Delta R=\left(\frac{\partial R}{\partial x}\right)\Delta x+\left(\frac{\partial R}{\partial y}\right)\Delta y+\left(\frac{\partial R}{\partial z}\right)\Delta z+\cdots$	$S_R^2=\left(\frac{\partial R}{\partial x}\right)^2S_x^2+\left(\frac{\partial R}{\partial y}\right)^2S_y^2+\left(\frac{\partial R}{\partial z}\right)^2S_z^2+\cdots$

注：表中 1 为和、差的误差传递；2 为积、商的误差传递。

【例 2-5】　配制 1 L $K_2Cr_2O_7$ 标准溶液（准确浓度为 0.01667 moL/L）时，称得 4.9033 g $K_2Cr_2O_7$ 基准试剂，定量溶于 1 L 容量瓶中，稀释至刻度。称量 $K_2Cr_2O_7$，质量 W 是用减重法进行的，减重前的称量误差是 +0.3 mg；减重后的称量误差是

-0.2 mg；容量瓶的真实容积为999.75 ml。问：配得的$K_2Cr_2O_7$标准溶液浓度c的相对误差、绝对误差和真实浓度各是多少？

解：$K_2Cr_2O_7$的浓度计算如下：

$$c_{K_2Cr_2O_7}=\frac{W}{M_{K_2Cr_2O_7}\cdot V}(\text{moL/L})$$

上述计算属乘除法运算，因此要按相对误差的传递考虑，即

$$\frac{\delta c_{K_2Cr_2O_7}}{c_{K_2Cr_2O_7}}=\frac{\delta W c_{K_2Cr_2O_7}}{W c_{K_2Cr_2O_7}}-\frac{\delta M_{K_2Cr_2O_7}}{M_{K_2Cr_2O_7}}-\frac{\delta V}{V}$$

因为$W_{K_2Cr_2O_7}$是由减重法求得，即$W_{K_2Cr_2O_7}=W_{前}-W_{后}$；所以$\delta W_{K_2Cr_2O_7}=\delta W_{前}-\delta W_{后}$。相对分子质量$K_2Cr_2O_7$是准确的，可以认为没有误差，即$\delta M_{K_2Cr_2O_7}=0$。于是

$$\begin{aligned}\frac{\delta c_{K_2Cr_2O_7}}{c_{K_2Cr_2O_7}}&=\frac{\delta W_{前}-\delta W_{后}}{W_{K_2Cr_2O_7}}-\frac{\delta V}{V}\\&=\{[+0.3-(-0.2)]/4903.3\}-0.25/1000\\&=0.0001-0.00025\\&=-0.00015\\&=-0.02\%\end{aligned}$$

即$K_2Cr_2O_7$标准溶液浓度的相对误差是-0.02%，绝对误差为-0.02%×0.01667 moL/L=-0.000003 moL/L。真实浓度是0.016667 moL/L，与要求的准确浓度0.01667 moL/L相比，没有显著性差别。

(2)偶然误差的传递

如果各步测量的误差都是不可定的，可以用极值误差法或标准偏差法对其影响进行推断和估计。

(3)极值误差法

极值误差法是一种偶然误差(不可定误差)的估计方法。这种方法的指导思想是，认为一个测量结果各步骤测量值的误差既是最大的，又是叠加的。计算出结果的误差当然也是最大的，故称极值误差。这种估计偶然误差的方法，称为极值误差法，其计算法则如表2-2-1第三栏(列)所示。虽然出现这种最不利测量结果的情况并不多，因而这种处理方法并不很合理，但还比较可行，

因为各测量值的最大误差常是已知的。例如，用分析天平进行减重法称量样品，两次测量的最大误差是±0.0002 g，如不考虑正、负，即为0.0002 g。又如用容量分析法测定药物有效成分的含量，其含量（$P\%$）的计算公式为

$$P\%=\frac{TVF}{m}\times 100\% \qquad (2\text{-}2\text{-}9)$$

式中，T 为标准溶液对药物有效成分的滴定度；V 为所消耗标准溶液的体积，ml；F 为标准溶液浓度的校正因数；m 为药物样品的质量。

式(2-2-9)中的滴定度 T 可以认为没有误差，如果 V、F 和 m 的最大误差分别是 ΔV、ΔF 和 Δm，则 P 的极值相对误差为

$$\frac{\Delta P}{P}=\left|\frac{\Delta V}{V}\right|+\left|\frac{\Delta F}{F}\right|+\left|\frac{\Delta m}{m}\right| \qquad (2\text{-}2\text{-}10)$$

如果测量 V、F 和 m 的最大相对误差都是1‰，则此药物有效成分的含量的极值相对误差应是3‰。

(4)标准偏差法

测量值偶然误差的大小、方向符合正态分布的统计学规律。因此只要测量次数足够多，就可以根据偶然误差分布的标准差，按照统计学传递规律估计测量结果的偶然误差，这种估计方法称为标准偏差法，其计算法则如表2-2-1所示，可概括为两条：①和、差结果的标准偏差的平方，等于各测量值的标准偏差的平方和；②积、商结果的相对标准偏差的平方，等于各测量值的相对标准偏差的平方和。

【例2-6】 设天平称量时的标准偏差 $S=0.01$ mg，求称量试样时的标准偏差 S_m。

解：称取试样时，无论是用减重法称量，或者是将试样置于适当的称样皿中进行称量，都需要称量两次，读取两次平衡点。试样量 m 是两次称量所得 m_1 与 m_2 的差值，即

$$m=m_1-m_2 \text{ 或 } m=m_2-m_1$$

读取称量 m_1 和 m_2 时平衡点的偏差，要反映到 m 中去。因此，根据表2-2-1求得

$$S_m = \sqrt{S_1^2 + S_2^2} = \sqrt{2S^2} = 0.14(\text{mg})$$

在定量分析中，各步测量的系统误差和偶然误差总是混在一起，因而算得结果的误差也包括这两个部分误差。标准偏差法只是处理偶然误差的传递问题，因此在用标准偏差法计算结果误差，来确定分析结果的可靠性时，必须先把系统误差消除，才有意义。

了解误差传递的规律，在进行分析工作时，对各步测量所应达到的准确程度，可以做到心中有数。例如，用分光光度法测定样品中的某微量成分的含量时，分析结果是由直接测量的吸光度值按式(2-2-11)计算得出。

$$\text{成分}(\%) = \frac{\text{吸光度} \times \text{换算因数}}{\text{样品质量}} \times 100\% \tag{2-2-11}$$

如果吸光度读数的相对误差是1%，则称量样品的相对误差也应与其相当，更精确的称量则无意义。如用减重法称出0.1 g样品，为使样品的称量值的相对误差也是1%，则减重前、后两次称量，必须准确至0.001 g，而不管称量瓶连同样品有多重。因此，应该全面考虑分析结果与各步测量的相对误差关系，正确选择适宜的分析仪器，设计实验方案。

2.2.4 提高分析结果准确度的方法

要想得到准确的分析结果，必须设法减免在分析过程中带来的各种误差。下面介绍减免分析误差的几种主要方法。

1. 选择恰当的分析方法

首先需要了解不同方法的灵敏度和准确度。重量分析法和容量分析法的灵敏度虽然都不高，但对常量组分的测定，能获得比较准确的分析结果，相对误差一般不超过千分之几。但它对微量或痕迹量组分的测定，却常常因灵敏度不高，无法测定，根本谈不上准确度。仪器分析法灵敏度高、绝对误差小，可以符合微量或痕量组分的测定要求；因其相对误差较大，常常不能达到对常量组分测定的要求。

因此，仪器分析法主要用于微量或痕量组分的分析；化学分析法，则主要用于常量组分的分析。选择分析方法不但要考虑被测组分的含量，还要考虑与被测组分共存的其他物质的干扰问题。总之，必须根据分析对象、样品情况及对分析结果的要求，选择适宜的分析方法。

2. 消除测量中的系统误差

①校准仪器。如对砝码、移液管、滴定管及分析仪器等进行校准，可以减免系统误差。

②做对照试验。用含量已知的标准试样或纯物质，以同一方法对其进行定量分析，由分析结果与已知含量的差值，求出分析结果的系统误差。用此误差对实际样品的定量结果进行校正，便可减免系统误差。

③做回收试验。在没有标准试样，又不宜用纯物质进行对照实验时，可以向样品中加入一定量的被测纯物质（定量分析用对照品），用同一方法进行定量分析。由分析结果中被测组分含量的增加值与加入值之差，即可估算出分析结果的系统误差，便可对测定结果进行校正。

④做空白实验。在不加样品的情况下，用测定样品相同的方法、步骤进行定量分析，把所得结果作为空白值，从样品的分析结果中扣除。这样可以消除由于试剂不纯或溶剂干扰等所造成的系统误差。

3. 减小测量误差

为了保证分析结果的准确度，必须尽量减小各步的测量误差。在称量步骤中要设法减小称量误差。一般分析天平的称量误差为 0.0001 g，用减重法称量两次的最大误差是±0.0002 g。为了使称量的相对误差小于 0.1%，取样量就得大于 0.2 g。在含有滴定步骤的分析方法中，要设法减小滴定管读数误差。一般滴定管的读数误差是±0.01 ml，一次滴定需两次读数，因此可能产生的最大误差是±0.02 ml。为了使滴定的相对误差小于0.1%，应消耗的滴定剂的体积就必须大于20 ml。

又如，对某比色法测定，要求其相对误差小于2%。若需称取0.5 g样品时，称量的绝对误差不大于0.5×2%＝0.01 g即足矣，无须用万分之一的分析天平称量。一切称量都要求称准到0.0001 g是不正确的。

此外，如前所述，通过增加平行测定次数，可以减免测量结果的偶然误差。

2.3 工程实验数据的测量技术及处理方法

2.3.1 工程实验数据的测量

1. 测量仪表的基本技术性能

(1) 测量仪表的静态特性

静态特性表示测量仪表在被测输入量的各个值，处于稳定状态下的输出和输入之间的关系。研究静态特性主要考虑其非线性与随机变化等因素。

1)精度

仪表的精度，即所得测量值接近真实值的准确程度。

在任何测量过程中都必然地存在着测量误差，因而在用测量仪表对实验参数进行测量时，不仅需要知道仪表的测量范围(即量程)，而且还应知道测量仪表的精度，以便估计测量值的误差大小。测量仪表的精度通常用规定正常条件下最大的或允许的相对百分误差$\delta_{允}$表示，即

$$\delta_{允}=\frac{|x_{测}-x_{标}|_{max}}{(量程上限值-量程下限值)}\times 100\% \qquad (2\text{-}3\text{-}1)$$

式中，$x_{测}$为被测参数的测量值；$x_{标}$为被测参数的标准值(即标准仪表所测的数值或比被校表高一级精度的仪表所测值)；$|x_{测}-x_{标}|=D(x)$为测量值的绝对误差。

由式(2-3-1)可以看出，测量仪表的精度不仅与绝对误差有关，还与该仪表的测量范围有关。

仪表精度等级表示的是在规定的正常工作条件下的相对百分误差，称为仪表的基本误差。如果仪表不在规定正常工作条件下工作，由于外界条件变动而引起的额外误差，称为仪表的附加误差。

所谓规定的正常工作条件是：环境温度为(25±10)℃；大气压力为(100±4)kPa；周围大气相对湿度(65±15)%；无振动，除万有引力场以外无其他物理场。

2)线性度

对于理论上具有线性刻度特性的测量仪表，往往会由于各种原因影响，使得仪表的实际特性偏离理论上的线性特性。非线性误差是指被校验仪表的实验测量曲线与理论直线之间的最大差值。如图 2-3-1 所示。

线性度又称非线性，是表征测量仪表输出与输入校准曲线与所选用的拟合直线(作为工作直线)之间吻合(或偏离)程度的指标。通常用相对误差来表示线性度，即

$$\delta_L=\pm\frac{\Delta L_{max}}{y_{F.S.}}\times 100\% \qquad (2\text{-}3\text{-}2)$$

式中，ΔL_{max}为输出值与拟合直线间的最大差值；$y_{F.S.}$为理论满量程输出值。

一般要求测量仪表线性度要好，这样有利于后续电路的设计及选择。

3)回差(又称变差)

回差是反映测量仪表在正(输入量增大)反(输入量减少)行程过程中输出-输入曲线的不重合程度的指标。通常用正反行程

输出的最大差值 ΔH_{max} 计算(如图 2-3-2 所示),并以相对值表示。

$$\delta H=\frac{\Delta H_{max}}{y_{F.S.}}\times 100\% \tag{2-3-3}$$

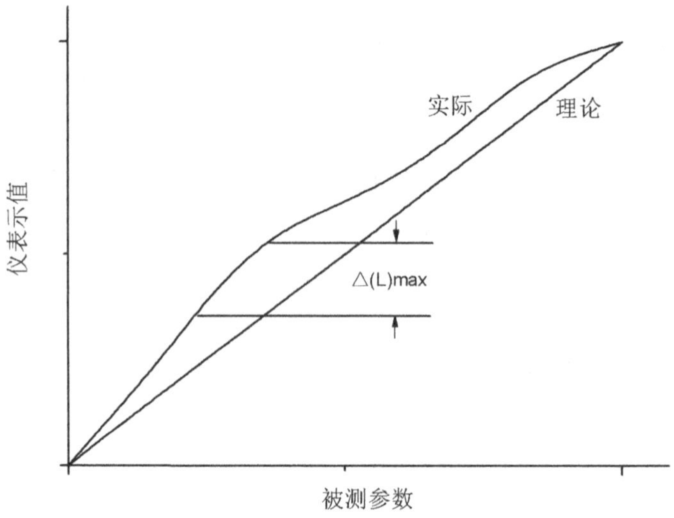

图 2-3-1　非线性误差特性示意图

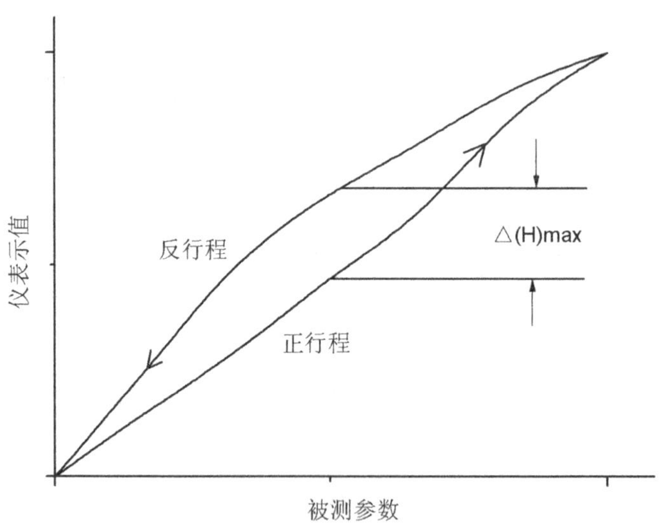

图 2-3-2　仪表的回差特性示意图

4)灵敏度(又称静态灵敏度)和灵敏限

灵敏度是测量仪表输出量增量与被测输入量增量之比。线性测量仪表的灵敏度就是拟合直线的斜率，非线性测量仪表的灵敏度不是常数，为输出对输入的导数。在静态条件下指仪表的输出变化对输入变化的比值，即

$$S=\frac{\Delta a}{\Delta x} \tag{2-3-4}$$

式中，S为仪表的灵敏度；Δa为仪表的输出变化值；Δx为被测参数变化值。

灵敏限是指能引起仪表输出变化时被测参数的最小（极限）变化量。一般仪表灵敏限的数值应不大于仪表的最大绝对误差的二分之一。即

$$\text{灵敏限}\leqslant\frac{1}{2}\left|x_{\text{测}}-x_{\text{标}}\right|_{\max} \tag{2-3-5}$$

结合式(2-3-1)可知

$$\left|x_{\text{测}}-x_{\text{标}}\right|_{\max}=\delta_{\text{允}}\times(\text{量程上限}-\text{量程下限})$$

$$\text{灵敏限}\leqslant\frac{\text{精度等级}}{2\times100}\times(\text{量程上限}-\text{量程下限}) \tag{2-3-6}$$

只要灵敏限满足式(2-3-6)即可，过小的灵敏限不但没有必要，反而使仪表造价高，不经济。

5）重复性

重复性是衡量测量仪表在同一条件下，输入量按同一方向作全量程连续多次变化时，所得特性曲线间一致程度的指标。各条特性曲线越靠近，重复性越好。

6）阈值

阈值是能使测量仪表输出端产生可测变化量的最小被测输入量值，即零位附近的分辨力。

7）稳定值

又称长期稳定性，即测量仪表在相当长的时间内仍保持其性能的能力。稳定性一般以室温下经过某一规定的时间间隔后，传感器的输出与起始标定时的输出之间的差异来表示。

8）漂移

漂移是指在一定时间间隔内，测量仪表输出与输入量无关的

变化。其包括零点漂移和灵敏度漂移。

零点漂移或灵敏度漂移又可分时间漂移(时漂)和温度漂移(温漂)。时漂是指在规定条件下,零点或灵敏度随时间的变化;温漂为周围温度变化引起的零点或灵敏度的漂移。

(2)测量仪表的动态特性

动态特性是反映测量仪表对于随时间变化的输入量的响应特性。它包括频率响应和阶跃响应两方面。

将各种频率不同而幅值相等的正弦信号输入测量仪表,其输出正弦信号的幅值、相位与频率之间的关系称为频率响应特性,它包括相频特性和幅频特性。由于相频特性和幅频特性之间有一定的内在联系,因此一般用幅频特性表示测量仪表的频响特性及频域性能指标。

当给测量仪表输入一个单位阶跃信号[如式(2-3-7)]时,其输出信号为阶跃响应。

$$y(t)=\begin{cases}0 & t\leqslant 0\\ y_c & t>0\end{cases} \tag{2-3-7}$$

衡量阶跃响应的指标参见图 2-3-3。

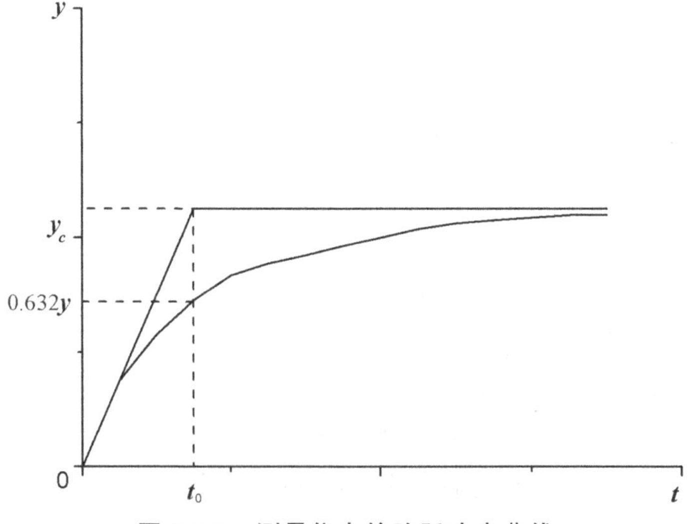

图 2-3-3 测量仪表的阶跃响应曲线

时间常数 t_0：测量仪表输出值上升到稳态的 63.2% 所需时间。

上升时间 t_r：测量仪表输出值由稳态值的 10% 上升到 90% 所需的时间。但有时也规定其他百分数。

响应时间 t_s：输出值达到允许误差范围所经历的时间，或明确为“百分之几响应时间”。

2. 压力测量

(1)压力测量及变送

压力是工业生产中的重要参数，在生产过程中，对液体、蒸气和气体压力的检测是保证工艺要求、设备和人身安全并使设备经济运行的必要条件。例如，氢气和氮气的合成氨气的压力为 32 MPa，精馏过程中精馏塔内的压力必须稳定，才能保证精馏效果；而石油加工中的减压蒸馏，则要在比大气压低约 93 kPa 的真空度下进行。如果压力不符合要求，不仅会影响生产效率、降低产品质量，有时还会造成严重的生产事故。

压力测量仪表简称压力计或压力表。它根据工艺生产过程的不同要求，可以有指示、记录和带远传变送、报警、调节装置等。测量压力或真空度的仪表很多，按其转换原理的不同，大致可以分三大类。

1)液柱式压力计

液柱式压力计是依据流体静力学的原理，把被测压力转换成液柱高度的压力计。它被广泛应用于表压和真空度的测量中，也可以测定两点的压力差。按其结构形式不同，可分为 U 形管压力计、单管压力计和斜管压力计等。这类压力计结构简单，使用方便，但其精度受工作液的毛细管作用、密度及视差等因素的影响，测量范围窄。

2)弹性式压力计

弹性式压力计是利用弹性元件受压后所产生的弹性变形的原理进行测量的。由于测量范围不同，所以弹性元件也不一样，如弹簧管压力计、波纹管压力计、薄膜式压力计等。

3)电气式压力计

电气式压力计是将被测的压力通过机械和电气元件转换成电量(如电压、电流、频率等)来进行测量的仪表,如电容式、电感式、应变式和霍尔式等压力计。

(2)工业主要测压仪表

1)弹性式压力计

弹性式压力计是利用各种形式的弹性元件,在被测介质压力的作用下,使弹性元件受压后产生弹性变形,通过测量该变形即可测得压力的大小。这种仪表结构简单,牢固可靠,价格低廉,测量范围宽($10^{-2}\sim10^{3}$ MPa),精度可达 0.1 级,若与适当的传感元件相配合,可将弹性变形所引起的位移量转换成电信号,便可实现压力的远传、记录、控制、报警等功能。因此在工业上是应用最为广泛的一种测压仪表。

①弹性元件。弹性元件不仅是弹性式压力计感测元件,也经常用来作为气动仪表的基本组成元件,应用较广。当测压范围不同时,所用的弹性元件也不同。常用的几种弹性元件的结构如图 2-3-4 所示。

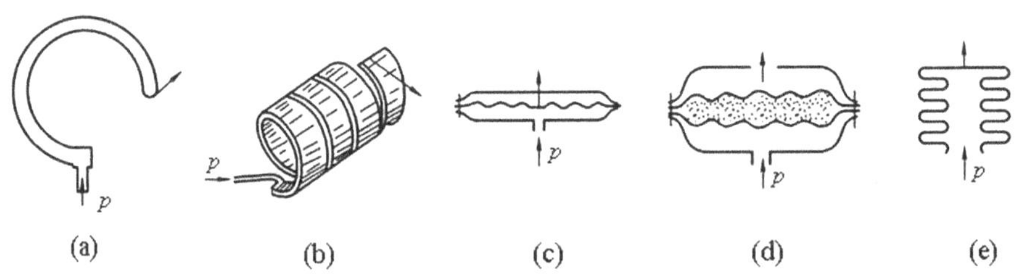

图 2-3-4 常见的几种弹性元件结构

(a)单圈弹簧管;(b)多圈弹簧管;(c)膜片弹性元件;(d)膜盒弹性元件;(e)波纹管式弹性元件

②弹簧管式弹性元件。单圈弹簧管是弯成圆弧形的金属管,它的截面积做成扁圆形或椭圆形,当通入压力后,它的自由端会产生位移,如图 2-3-4(a)所示。这种单圈弹簧管自由端位移量较

小，测量压力较高，可测量高达 1000 MPa 的压力。为了增加自由端的位移，可以制成多圈弹簧管，如图 2-3-4(b)所示。

③薄膜式弹性元件。薄膜式弹性元件根据其结构不同还可以分为膜片与膜盒等。它的测压范围较弹簧管式的要低。它是由金属或非金属材料做成的具有弹性的一张膜片（平膜片或波纹膜片），在压力作用下能产生变形，如图 2-3-4(c)所示。有时也可以由两张金属膜片沿周口对焊起来，成一薄壁盒，内充液体（如硅油），称为膜盒，如图 2-3-4(d)所示。

④波纹管式弹性元件。波纹管式弹性元件是一个周围为波纹状薄壁的金属筒体，如图 2-3-4(e)所示。这种弹性元件易于变形，而且位移很大，常用于微压与低压的测量或气动仪表的基本元件。

2）弹簧管压力表

①弹簧管的测压原理。弹簧管式压力表是工业生产上应用广泛的一种测压仪表，单圈弹簧管的应用最多。单圈弹簧管是弯成圆弧形的空心管，如图 2-3-5 所示。

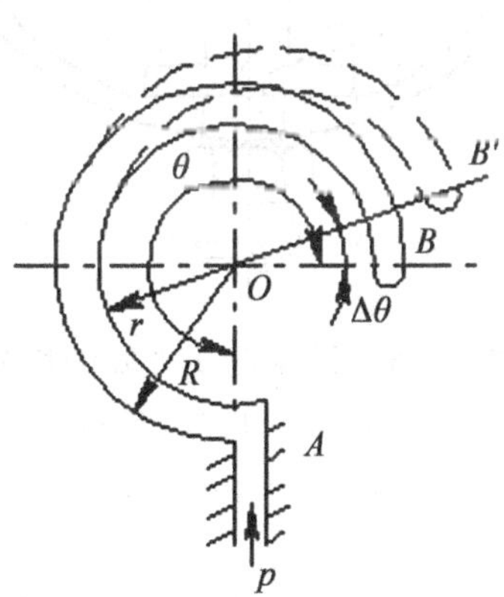

图 2-3-5　弹簧管的测压原理

它的截面积呈扁圆或椭圆形，A 为弹簧管的固定端，即被测压力的输入端；B 为弹簧管的自由端，即位移输出端；R 和 r 分别为弹簧管弯曲圆弧的外半径和内半径。作为压力-位移转换元件的弹簧管，当它的固定端通入被测压力后，由于椭圆形截面在压

力 p 的作用下将趋向圆形，弯成圆弧形的弹簧管随之向外挺直扩张变形，由于变形其弹簧管的自由端由 B 移到 B'，如图 2-3-5 虚线所示，输入压力 p 越大产生的变形也越大。由于输入压力与弹簧管自由端的位移成正比，所以只要测得 B 点的位移量，就能反映压力 p 的大小，这就是弹簧管压力表的基本测量原理。

②弹簧管压力表的结构。弹簧管压力表的结构原理如图 2-3-6 所示。

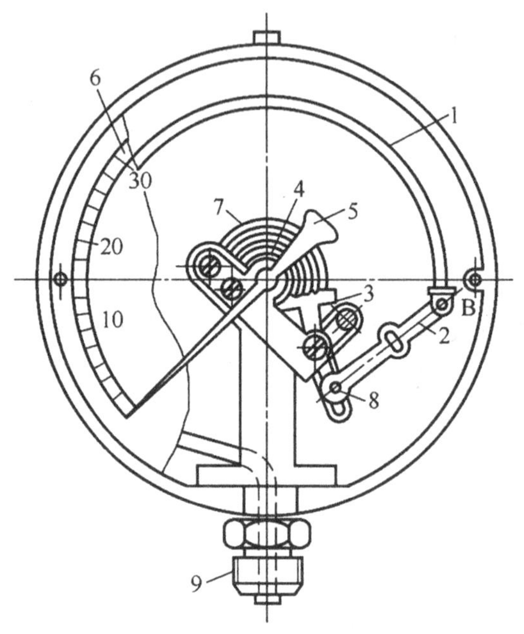

图 2-3-6　弹簧管压力表的结构

1—弹簧管；2—拉杆；3—扇形齿轮；4—中心齿轮；5—指针；6—面板；7—游丝；8—调整螺钉；9—接头

被测压力由接头 9 通入后，弹簧管由椭圆形截面胀大趋于圆形，由于变形，使弹簧管的自由端 B 产生位移，自由端的位移量一般很小，直接显示有困难，所以必须通过放大机构才能指示出来。放大过程为：自由端 B 的弹性变形位移通过拉杆 2 使扇形齿轮 3 做逆时针转动，于是指针通过同轴的中心齿轮 4 带动而顺时针偏转，从而在面板的刻度标尺上显示出被测压力 p 的数值。由于自由端的位移与被测压力间有正比关系，因此弹簧管压力表的刻度标尺是线性的。游丝 7 用来克服因扇形齿轮和中心齿轮的间隙所产生的仪表偏差。改变调整螺钉 8 的位置（即改变机械转动的放大系数），可以实现压力表一定范围量程的调整。

弹簧管的材料，一般在 $p<20$ MPa 时采用磷铜，$p>20$ MPa 时则采用不锈钢或合金。但是使用压力表时，必须注意被测介质的化学性质。例如，测量氧气时，应严禁沾有油脂或有机物，以确保安全。

(3)电接点压力表

在工业生产过程中，常常需要把压力控制在一定范围内，即当压力超出规定范围时，会破坏正常工艺操作条件，甚至造成严重生产事故，因此希望在压力超限时，能及时采取一定措施。

电接点压力表的结构如图 2-3-7 所示。它是在普通弹簧管压力表的基础上附加了两个静触点 1 和 4，静触点的位置可根据要求的压力上、下限数值来设定。压力表指针 2 为动触点，在动触点与静触点之间接入电源（220 V 交流或 24 V 直流）。正常测量时，工作原理与弹簧管压力表相同，动、静触点并不闭合，不形成报警回路，无报警信号产生。当压力超过上限值时，动触点 2 与静触点 4 闭合，上限报警回路接通，红色信号灯亮（或蜂鸣器响）发出报警信号；当压力过低时，则动触点 2 与静触点 1 闭合，下限报警回路接通，绿色信号灯亮（或蜂鸣器响）。

电接点压力表能简便地实现在压力超出给定范围时，及时发出报警信号，提醒操作人员注意，以便采取相应措施。另外还可通过中间继电器实现某种连锁控制，以防止严重事故发生。

(4)压力计的校验和标定

新的压力计在出厂之前要进行校验，以鉴定其技术指标是否符合规定的精度。当压力计在使用一段时间以后，也要进行校验，目的是确定是否符合原来的精度，如果确认误差超过规定值，就应对该压力计进行检修，经检修后的压力计仍需进行校验才能使用。

对压力计进行校验的方法很多,一般分为静态校验和动态校验两大类。静态校验主要是测定静态精度,确定仪表的等级,它有两种方法,一种为"标准表比较法",另一种为"砝码校验法"。动态校验主要是测定压力计(主要是电测压力计)的动态特性,如仪表的过渡过程、时间常数和静态精度等。常用的方法是"激波管法"。

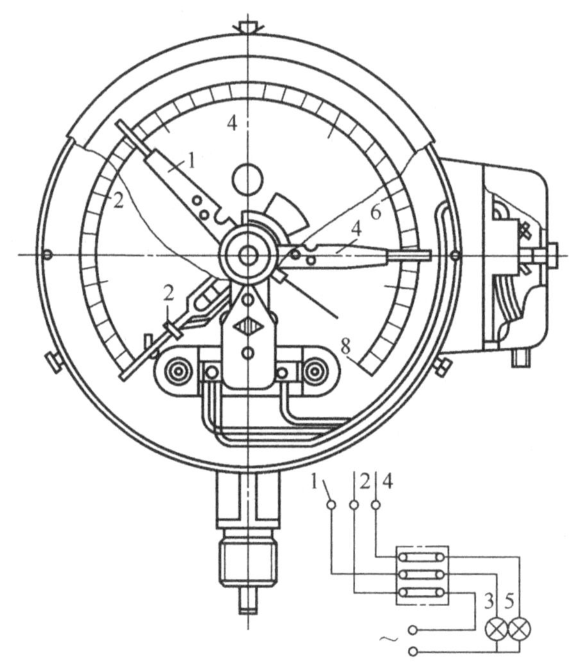

图 2-3-7　电接点压力表

1,4—静触点;2—动触点;3—绿灯;5—红灯

3. 流量测量

(1)转子流量计

工业生产和科研工作中,经常遇到小管径、低雷诺数的小流量测量,对较小管径的流量测量常采用转子流量计。它适用的管径范围为 1～150 mm。

转子流量计的主要特点是结构简单,灵敏度高,量程比宽

(10∶1),压力损失小且恒定,刻度近似线形,价格便宜,使用维护简便等。但仪表精度受被测介质密度、黏度、温度、压力等因素的影响,其精度一般在 1.5 级左右,最高可达 1.0 级。

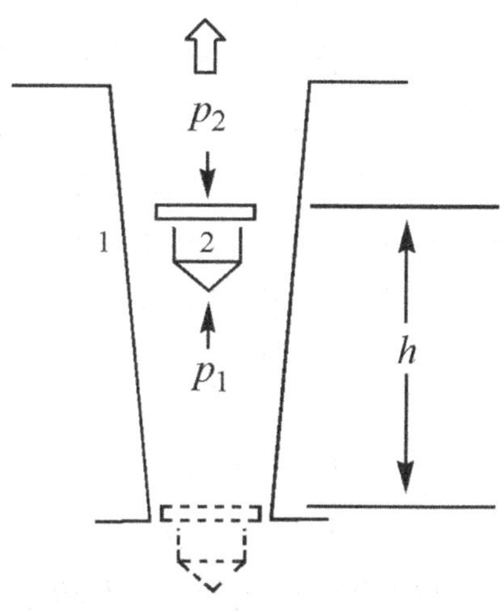

图 2-3-8　转子流量计的工作原理

1—锥形管;2—转子

工作原理:转子流量计是以压差不变,利用节流面积的变化来反映流量的大小,故称为恒压差、变节流面积的流量测量方法。

转子流量计主要是由一根自下而上扩大的垂直锥管和一个随流体流量大小而上下移动的转子组成,如图 2-3-8 所示。锥形管的锥度为 40°～30°,其材料有玻璃管和金属管两种。转子根据不同的测量范围及不同介质(气体或液体)可分别采用不同材料制成不同形状。当被测流体沿锥形管由下而上流过转子与锥形管之间的环隙时,位于锥形管中的转子受到一个方向上的阻力 F_1,在转子上、下游产生压差,使得转子浮起。当这个阻力正好与浸没在流体里的转子自重 W 和浮力 F_2 达到平衡时,转子就停浮在某一高度上。如果被测流体的流量增大,作用在转子上、下游的压差增大,则向上的阻力 F_1 将随之增大,因为转子在流体中所受的力($W-F_2$)是不变的,则向上的力大于向下的力,使转子上升,转子在锥形管中的位置升高,造成转子与锥形管间的环隙增大，即流体的流通面增大。随着环隙的增大，流过此环隙的流体流速变慢，则转子上、下游的压差减小，因而作用在转子向上的阻力也变小。当流体作用在转子上的阻力再次等于转子在流体中的自重与浮力之差时，转子又停浮在某一新的高度上。流量减小时情况相反。这样，转子在锥形管中的平衡位置的高低与被测介质的流量大小相对应。如果在锥形管外表沿其高度刻上对应的流量值，那么根据转子平衡位置的高低就可以直接读出流量的大小。这就是转子流量计测量流量的基本原理。

转子流量计中转子受到的作用力为：

作用力 $$F_1 = \frac{1}{2}\rho \upsilon^2 A_r C \tag{2-3-8}$$

浮力 $$F_2 = V_r \rho g \tag{2-3-9}$$

自重 $$W = V_r \rho_\gamma g \tag{2-3-10}$$

式中，υ 为环形流通面积的平均流速；C 为转子的作用力系数；A_r 为转子迎流面的最大截面积；V_r 为转子的体积；ρ_γ 为转子的密度；ρ 为被测流体的密度；g 为重力加速度。

当转子在某一位置平衡时，应满足

$$F_1 = W - F_2 \tag{2-3-11}$$

即 $$\frac{1}{2}\rho \upsilon^2 A_r C = V_r(\rho_r - \rho) g$$

可得 $$\upsilon = \sqrt{\frac{2V_r(\rho_r - \rho) g}{\rho A_r C}} \tag{2-3-12}$$

由于在测量过程中，流量计选定后，被测流体工作条件不变，V_r、ρ_r、ρ、A_r、g 均为常数，所以流体流过环形流通面积的平均流速 C_0 是常数。由体积流量 $Q=A\upsilon$ 可知，υ 一定，体积流量 Q 与流通面积 A 成正比。

转子流量计的流通面积由转子和锥管尺寸所决定，即

$$A = (D^2 - d_r^2)\frac{\pi}{4} \tag{2-3-13}$$

式中，D 为锥管内径；d_r 为转子的最大直径。

在 V_e 一定的情况下，流过转子流量计的流量与转子和锥形

之间的环隙面积有关。由于锥形管由下而上逐渐扩大，所以环隙面积与转子浮起的高度 ΔP 有关。因为锥管的锥角 φ 很小，流通面积可近似表示为：

$$A = \pi d_r h \tan\varphi$$

所以，转子流量计所测介质的流量大小，可用式(2-3-14)表示

$$M = aA\sqrt{\frac{2\rho V_r(\rho_r-\rho)g}{A_r}} = a\pi d_r h\tan\varphi\sqrt{\frac{2\rho V_r(\rho_r-\rho)g}{A_r}} \tag{2-3-14}$$

$$Q = aA\sqrt{\frac{2V_r(\rho_r-\rho)g}{\rho A_r}} = a\pi d_r h\tan\varphi\sqrt{\frac{2V_r(\rho_r-\rho)g}{\rho A_r}} \tag{2-3-15}$$

式中，a 为转子流量计的流量系数，$a=\sqrt{1/C}$ 取决于转子的形状和雷诺数，并由实验确定；h 为转子所处的高度。

由式(2-3-14)和式(2-3-15)可见，只要保持流量系数 a 为常数，测得转子所处的高度 h，便可知流量的大小。

(2)常用转子流量计举例

1)玻璃转子流量计

玻璃转子流量计主要用于化工、医药、石油、轻工、食品、机械、化肥、分析仪表等领域，用来测量液体或气体的流量。

特点：性能可靠，读数直观、方便。结构简单、安装使用方便，价格便宜。

工作原理和结构：流量计的主要测量元件为一根垂直安装的下小上大锥形玻璃管和在内可上下移动的浮子。当流体自下而上流经玻璃管时，在浮子上、下之间产生压差，浮子在此差压作用下上升。当使浮子上升的力、浮子所受的浮力、黏性力与浮子的重力相等时，浮子处于平衡位置。因此，流经流量计的流体流量与浮子上升的高度，即与流量计的流通面积之间存在着一定的比例关系，浮子的平衡位置可作为流量的量度。

例如，目前市场上可见的LZB普通型、LZBH耐腐型系列玻璃转子流量计，主要由锥形玻璃管、浮子、上下基座和支撑件连接组合而成。

玻璃转子流量计有普通型和防腐型两大类：普通型适用于各种没有腐蚀性的液体和气体；耐腐蚀型主要用于有腐蚀性的气体和液体（强酸强碱），内衬材料为PTFE。

2）涡轮流量计

涡轮流量计是一种速度式流量计，是利用置于流体中的叶轮的旋转角速度与流体流速成比例的关系，通过测量叶轮的转速来反映体积流量的大小。

原理与结构：涡轮流量计由变送器和显示仪表两部分组成。变送器如图2-3-9所示，涡轮4用高导磁材料制成，置于摩擦力很小的壳体2上，涡轮上装有螺旋形叶片，流体作用于叶片使之转动。导流器1和6由导向环（片）及导向座组成，使流体到达涡轮前先导直，以避免因流体的自旋而改变流体与涡轮叶片的作用

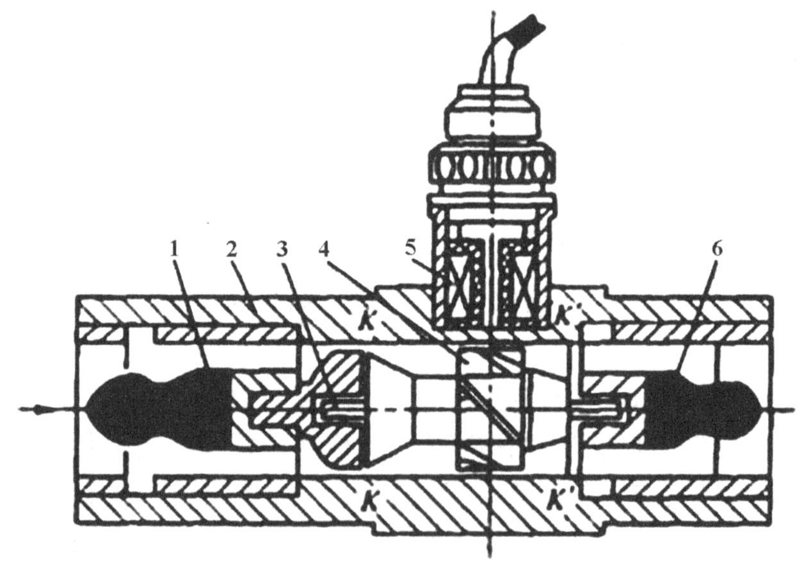

图2-3-9　涡轮流量计传感器结构

1—前导流器；2—壳体；3—轴和轴承组件；
4—涡轮；5—磁电转换器；6—后导流器

角,从而保证测量精确度,并且用以支承涡轮。磁电感应转换器 5 可用来产生与叶片转速成正比的电信号。壳体 2 由非导磁材料制成,用来固定和保护内部零件,并与被测流体管连接。

当流体流过涡轮流量变送器时,推动涡轮转动,高导磁的涡轮叶片周期性地扫过磁钢,使磁路的磁阻发生周期性变化,线圈中的磁通量也跟着发生周期性变化,使线圈中感应出交变电信号,此交变电信号的频率与涡轮的转速成正比,即与流量成正比。也就是说,流量越大,线圈中感应出的交变电信号频率 f(Hz)越高。

被测的体积流量与脉冲频率 f 之间的关系为

$$Q = f/\xi \tag{2-3-16}$$

式中,ξ 为流量系数,与仪表的结构、被测介质的流动状态、黏度等因素有关,在一定的范围内 ξ 为常数。

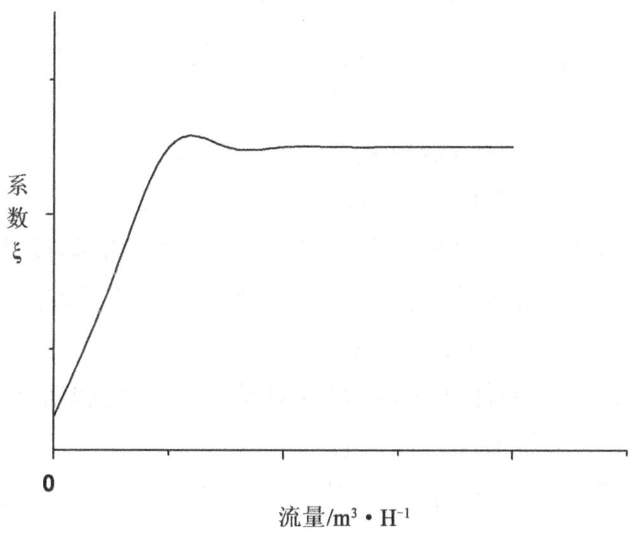

图 2-3-10　流量系数与流量的关系

典型的涡轮流量计的特性曲线如图 2-3-10 所示,由图可见,涡轮开始旋转时为了克服轴承中的摩擦力具有一最小流量,小于最小流量时仪表无输出。当流量比较小时,即流体在叶片间是层流流动时,ξ 随流量的增加而增加。达到紊流状态后 ξ 的变化很小,其变化值在±0.5%以内。另外,ξ 值将受被测介质黏度的影响，对低黏度介质 ξ 值几乎是一常数，而对高黏度介质 ξ 值随流量的变化有很大的变化，因此涡轮流量计适于测量低黏度的紊流流体。当涡轮流量计用于测量较高黏度的流体，特别是较高黏度的低速流体时，必须用实际使用的流体对仪表进行重新标定。

涡轮流量计的特点：

①精确度高。基本误差为±0.2%～±1.0%，在小范围内误差小于或等于±0.1%，可作为流量的准确计量仪表。

②反应迅速，可测脉动流量，量程比为(10∶1)～(20∶1)，线性刻度。

③由于磁电感应转换器与叶片间不需密封和齿轮传动，因而测量精度高，可耐高压，被测介质静压可达 16 MPa。压损小，一般压力损失在$(5\sim75)\times10^3$ Pa 范围内，最大不超过 1.2×10^5 Pa。

④涡轮流量计输出为与流量成正比的脉冲数字信号，具有在传输过程中准确度不降低、易于累积、易于送入计算机系统等优点。

缺点是制造困难，成本高。又因涡轮高速转动，轴承易被磨损，降低了长期运转的稳定性，缩短了使用寿命。

由于以上原因，涡轮流量计主要用于测量精确度要求高、流量变化迅速的场合，或者作为标定其他流量计的标准仪表。

涡轮流量计使用注意事项：

①要求被测流体洁净，以减少对轴承的磨损和防止涡轮被卡住，故应在变送器前加过滤装置，安装时要设旁路。

②变送器一般应水平安装。变送器前的直管段长度应为 10 D 以上，后面为 5 D 以上。

③可用于测量轻质油(汽油、煤油、柴油等)、低黏度的润滑油及腐蚀性不大的酸碱溶液的流量，不适于测量黏度较高的介质流量。对于液体，介质黏度应小于 5×10^{-6} m^2/s。

④凡测量液体的涡轮流量计，在使用中切忌有高速气体引入，特别是测量易汽化的液体和液体中含有的气体时，必须在变送器前安装消气器。这样既可避免高速气体引入而造成叶轮高

速旋转，致使零部件损坏，又可避免气、液两相同时出现，从而提高测量精确度和涡轮流量计的使用寿命。当遇到管路设备检修采用高温蒸汽清扫管路时，切忌冲刷仪表，以免损坏。

(3)流量计的检验和标定

能够正确地使用流量计，才能得到准确的流量测量值。应该充分了解该流量计构造和特性，采用与其相适应方法进行测量，同时还要注意使用中的维护、管理。每隔适当的时间要标定一次。当遇到下述几种情况，均应考虑需对流量计进行标定：

①使用长时间放置的流量计。

②要进行高精度测量时。

③对测量值产生怀疑时。

④当被测流体特性不符合流量计标定用的流体特性时。

标定液体流量计的方法可按校验装置中的标准器的形式分为容器式、称重式、标准体积管式和标准流量计式等。

标定气体流量计和标定液体流量计一样有各种注意事项。但标定气体流量计时需特别注意测量流过被标定流量计和标准器的试验气体的温度、压力、湿度，另外对试验气体的特性必须在试验之前了解清楚。例如，气体是否溶于水，在温度、压力的作用下其性质是否会发生变化。按使用的标准容器形式来划分，校验方式有容器式、音速喷嘴式、肥皂膜试验器式、标准流量计式、湿式流量计式等。

4. 温度测量

温度是表征物体冷热程度的物理量。温度不能直接测量，只能借助于冷热不同物体的热交换以及随冷热程度变化的某些物理特性进行间接测量。

按测温原理不同，温度测量大体有以下几种方式。

①热膨胀：固体的热膨胀；液体的热膨胀；气体的热膨胀(定压或定容)。

②电阻变化：导体或半导体受热后电阻发生变化。

③热电效应：不同材质导线连接的闭合回路，两接点的温度如果不同，回路内就产生热电势。

④热辐射：物体的热辐射随温度的变化而变化。

随着科学技术的发展，近年来又相继提出一些新的测温原理。如射流测温、涡流测温、激光测温原理等。

通常将测温仪表分为接触式与非接触式两大类。前者的感温元件与被测介质直接接触；后者的感温元件与被测介质不直接接触。

下面介绍常用的测温技术。

(1)热电阻温度计

热电阻温度如图 2-3-11 所示。

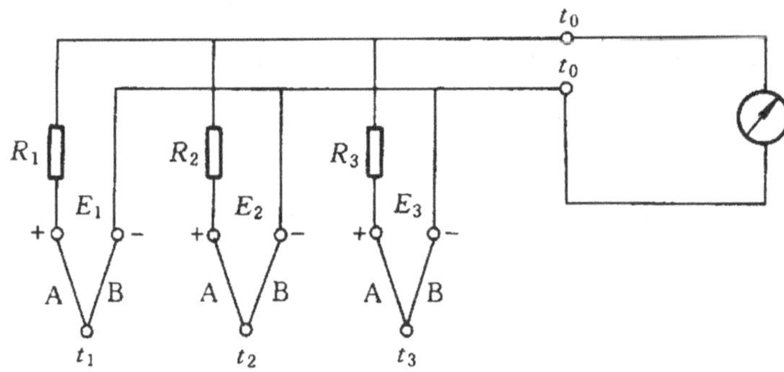

图 2-3-11　热电阻温度结构示意图

在测温领域，除了热电偶温度计以外，常用的还有热电阻温度计。热电阻温度计是利用随着温度的变化，测温元件的电阻值发生变化，通过检测电阻值的大小来测定温度的。工业生产中，在－120℃～500℃范围内的温度测量常常使用热电阻温度计。在特殊情况下，热电阻温度计测量温度的下限可达－270℃，上限可达 1000℃。

热电阻温度计的突出优点是：

①测量精度高。630℃以下的温度利用铂电阻温度计作为基准温度计。

②灵敏度高。在 500℃以下用电阻温度计测量较之用热电偶

测量时信号大,因而容易测量准确。

纯金属及多数合金的电阻率随温度升高而增加,即具有正的温度系数。在一定温度范围内,电阻-温度关系是线性的。若已知金属导体在温度 t_1 时的电阻 R_1,则温度 t 时的电阻 R 为

$$R = R_1 + aR_1(t - t_1) \tag{2-3-17}$$

当 $t_1 = 0℃$, $R_1 = R_0$ 时

$$R = R_0 + aR_0 t \tag{2-3-18}$$

式中, a 为平均电阻温度系数。

各种金属具有不同的平均电阻温度系数,只有具有较大的平均电阻温度系数的金属才有可能作为测温用热电阻。最佳和最常用的热电阻温度计材料是纯铂,其测量范围为 −200℃ ～500℃。铜丝电阻温度计有一定的应用范围,其测温范围为 −150℃ ～180℃。

常用三线制线路来测量热电阻的阻值。要注意,通过热电阻的电流要加以限制,否则会引起较大误差。

(2)温度计选择和使用技术

选择温度计时,必须考虑以下几点。

①被测物体的温度是否需要指示、记录和自动控制。

②是否便于读数和记录。

③测温范围与精度要求。

④感温元件的尺寸是否会破坏被测物体的温度场。

⑤被测温度不断变化时,感温元件的滞后性能(时间常数)是否符合测温要求。

⑥被测物体和环境条件对感温元件有无损害。

⑦仪表使用是否方便。

⑧仪表寿命。

根据被测物质的化学性质选用保护套管材料。金属套管是对测温敏感元件起保护和支撑作用的。因此不仅要考虑使用温度,更主要的是要依据使用环境来加以选择:在 1000℃ 以下使用的保护套管常用耐热抗腐蚀的奥氏体不锈钢;用于 1000℃ ～

1200℃范围内，采用钴基高温合金和铁铬钴合金；在600℃以下的可用中碳钢、铜、铝等作套管；1600℃以上高温套管材料在氧化性气氛中采用铂、铂铑合金，在还原性气氛、中性气氛和真空中采用难熔金属钼、钽和钨铼；还有一种具有特殊硅化涂层的钼套管，可用于1650℃高温的空气中及还原性气氛中。还有其他类型的非金属保护套管。

在进行温度测量时需要考虑以下几点。

①温度计感温部分所在处必须按照工艺要求严格设置。

②尽量消除热交换引起的测温误差。温度测量的关键是温度计的热端点温度是否等于热端点所在处被测物体的温度。两者若不相等，其原因是测量时热量不断从热端点向周围环境传递，同时热量不断从被测物体向热端点传递，被测物体到热端点再到周围环境的方向有温度梯度。减小这种误差的方法是尽量减小热端点与其周围环境之间的温度差和传热速率。具体办法为：

a. 当待测温对象是管内流动流体时，若条件允许，应尽量使作为周围环境的管壁与热端点的温度差变小。为此可在管壁外面包一绝热层(如石棉等)。管子壁面的热损失愈大，管道内流体测温的误差也愈大。

b. 可在热端点与管壁之间加装防辐射罩，减小热端点和管壁之间的辐射传热速率。防辐射罩表面的黑度愈小(反光性愈强)，其防辐射效果愈好。

c. 尽量减小温度计的体积，减小保护套管的黑度、外径、壁厚和导热系数。减小黑度和外径可减小保护套管与管壁面之间的辐射传热。减小外径、壁厚和导热系数可减小保护套管本身在轴线方向上的高温处与低温处之间的导热速率。

d. 增加温度计的插入深度，管外部分应短些，而且要有保湿层。目的是减小贴近热端点处的保护套管与裸露的保护套管之间的导热速率。为此，管道直径较小时，宜将温度计斜插入管道内，或在弯头处沿管道轴心线插入；或安装一段扩大管，然后将温度计插入扩大管中。

e. 减小被测介质与热端点之间的传热热阻，使两者温度尽量接近。为此，可适当增加被测介质的流速，但气体流速不宜过高，因为高速气流被温度计阻挡时，气体的动能将转变为热能，使测量元件的温度变高。尽量让温度计的插入方向与被测介质的流动方向逆向。使用保护套管时，宜在热端点与套管壁面间加装传热良好的填充物，如变压器油、铜屑等。保护套管的导热系数不宜太小。测量壁面温度时，壁面与热端点之间的接触热阻应尽量小，因此要注意焊接质量或黏合剂的导热系数。

f. 待测温管道或设备内为负压，插入温度计时应注意密封，以免冷空气漏入引起误差。

g. 经常采用热电偶测量壁面温度，若被测的是壁温且壁面材料的导热系数很小，则热电偶热端点与外界的热交换，将会破坏原壁面的温度分布，使测温点的温度失真。为此可在被测温的壁面固定一导热性能良好的金属片，再将热电偶焊在该金属片上。若焊接有困难时，利用上述加装金属片的方法，也可大大减小壁面与热端点之间的热阻，提高测量精度。在壁温测量用热电偶的热端点外面加保湿层，也是提高温量精度的办法。

将两热电极分别焊在壁面的两等温点上，壁面为第三导线接入热电偶线路后，可提高壁温的测量精度。但要注意，如果被测表面材质不均匀，这种方法反而会使误差增大。

h. 热电极线沿等温壁面紧贴一段距离，可减小热端点通过偶丝与周围环境的传热速率，相当于增大热电偶的插入深度。

热电偶测量系统的动态性能也引起误差。热电偶测量系统的动态性能可用滞后时间表示。滞后时间 T 愈大，达到稳定输出所需的时间愈长，热电偶的热惰性愈大。为了减小滞后时间，被测介质向感温元件传热的热阻应尽量小，保护管与热端点之间的导热物料和热端点本身的热容量也应当尽量小。为此，应尽量减小热偶丝的直径和保护套管的直径。测量变化较快、信号较大的温度时，动态性能引起的误差是不可忽视的。

③尽量减少测量仪表的工作误差。

④消除信号传输过程中的误差，应避免电磁干扰。使用热电偶时，注意两热电极之间以及它们和大地之间应绝缘良好，否则热电势损耗将直接影响测量结果的准确度，严重时会影响仪表正常工作；补偿导线和热电偶的搭配、连接应合理；热电偶的材料材质要均匀。

(3)热电偶的校验和标定

由于热电偶在使用过程中，热端受氧化、腐蚀和高温下热电偶材料再结晶，热电特性发生变化，而使测量误差越来越大，为了使温度的测量能保证一定的精度，热电偶必须定期进行校验，以测出热电势变化的情况。当其变化超出规定的误差范围时，可以更换热电偶丝或把原来热电偶低温端剪去一段，重新焊接后加以使用。在使用前必须重新进行校验。

热电偶校验是一项比较重要的工作，根据国家规定的技术条件，各种热电偶必须在表 2-3-1 规定的温度点进行校验，各温度点的最大误差不能超过允许的误差范围，否则不能应用。

热电偶在使用之前要进行校验，使用一定时间后仍需进行校验，以保证其准确性。对于工作基准或标准热电阻的校验，通常要在几个平衡点下进行，如 0℃冰、水平衡点等，校验要求高，方法复杂，设备也复杂，我国有统一的规定要求。工业用热电阻的检验，方法就简单多了，只要 R_0（0℃时电阻值）及 R_{100}/R_0（R_{100}，100℃时电阻值）的数值不超过规定的范围即可。

表 2-3-1　常用热电偶校验允许偏差

型号	热电偶材料	校验点/℃	热电偶允许偏差			
			温度/℃	偏差/℃	温度/℃	偏差*/%
S	铂铑-铂	600,800,1000,1200	0～600	±2.4	>600	±0.4%
K	镍铬-镍硅(铝)	400,600,800,1000	0～400	±4	>400	±0.75%
XK	镍铬-考铜	300,400,600	0～300	±4	>300	±0.1%

2.3.2　工程实验数据的处理技术和方法

1. 工程实验数据的处理技术

(1)数学模型法

数学模型法是在对过程有充分认识的基础上,归纳为简单而不失真的物理模型,然后给予数学上的描述,明确各参数的物理意义。数学模型法实际上就是一种解决工程问题的实验规划方法。用数学模型法处理工程问题,同样离不开实验。因为这种模型是基于对事物过程本质的深入理论分析并做出适当简化而得到的,其合理性还需要经过实验的检验。同时,引入的常数项须由实验来测定。一般情况下,将复杂的工程问题归纳为数学模型的方法和步骤为:

①通过预备实验认识过程,找出过程的主要影响因素,并将其归纳、总结、设想为简化物理模型。

②根据物理模型建立数学模型。

③通过实验确定模型参数、检验并修正模型。

下面以流体通过颗粒层流动的实例来说明这一方法的实际应用。

1)数学模型的建立

流体通过颗粒层的流动,就其流动过程本身来说并没有什么特殊性,问题的复杂性在于流体通道所呈现的不规则几何性状。由于构成颗粒层的基本颗粒,不仅几何形状是不规则的,而且其颗粒大小、表面粗糙程度都是不均匀的,导致这类工程问题的处理就不可能采用严格的流体力学方法,必须寻求简化的工程处理方法。寻求简化途径的基本思路是研究过程的特殊性,并充分利用这一特殊性做出有效的简化。流体通过颗粒层流动的工程背景是过滤操作。在正常过滤时,滤液通过滤饼的流动是非常缓慢的,此时流体流动阻力主要来自流体的黏性力,阻力的大小与流体接触的表面积及流体在颗粒间的真实流速有关。因此，可以抓住“流动速率极为缓慢”这一特殊性，对流动过程做出简化。可以设想：

流动阻力主要来自于流体与流道的表面摩擦，而与流道形状的关系甚微；

流体阻力与总表面积成正比；

流道的简化物理模型为许多平行排列的均匀细管组成的管束；

流道的总表面积等于颗粒的总表面积；

流体的全部流道空间等于颗粒床层的空隙容积。

设流道的当量直径为 d_e，当量长度为 L_e，流道截面积为 A，润湿周边长为 C。颗粒床层的体积为 V，厚度为 L，空隙率为 ε，颗粒的比表面积为 a，则根据当量直径的定义可导出：

$$d_e = 4 \times \frac{\text{流道截面积 } A}{\text{润湿周边长 } C} \tag{2-3-19}$$

若分子、分母同乘以流道长度，则上式变为：

$$d_e = 4 \times \frac{\text{流道容积 } AL_e}{\text{流道表面积 } CL_e} \tag{2-3-20}$$

假设细管的全部流道空间(容积)等于床层的空隙体积，则：

$$\text{流道容积} = \text{床层体积 } V \times \text{空隙率 } \varepsilon \tag{2-3-21}$$

若忽略床层因颗粒相互接触而彼此覆盖的表面积，则：

$$\text{流道表面积} = \text{颗粒体积 } V(1-\varepsilon) \times \text{颗粒比表面积 } a \tag{2-3-22}$$

所以，床层的当量直径为：

$$d_e = 4\frac{V\varepsilon}{V(1-\varepsilon)a} = \frac{4\varepsilon}{(1-\varepsilon)a} \tag{2-3-23}$$

根据流体力学理论和简化模型可知，流体通过颗粒层的压降相当于流体通过一组当量直径 d_e、当量长度为 L_e 的细管的压降，即：

$$\Delta p_f = \lambda \frac{L_e}{d_e} \times \frac{\rho u_1^2}{2} \tag{2-3-24}$$

式中，L_e 为模型床层高度，m；u_1 为流体通过模型细管的流速，m/s；λ 为流体通过细管的摩擦阻力系数，无量纲。

模型床层高度与颗粒床层高度 L 一般并不相等，但应满足下述关系：$L_e = kL$。式中 k 为某一待定系数。因此，u_1 与按整个床层截面计算的空床流速 u 的关系为：

$$u_1 = k\frac{u}{\varepsilon} \tag{2-3-25}$$

将式(2-3-25)代入式(2-3-24)得：

$$\Delta p_f = \lambda\frac{k^3 L}{d_e} \times \frac{\rho u^2}{2\varepsilon^2} \tag{2-3-26}$$

再将式(2-3-23)代入得：

$$\Delta p_f = \lambda\frac{k^3 L}{8} \times \frac{(1-\varepsilon)a}{\varepsilon^3}\rho u^2 \tag{2-3-27}$$

即：

$$\frac{\Delta p_f}{L} = \lambda\frac{k^3}{8} \times \frac{(1-\varepsilon)a}{\varepsilon^3}\rho u^2 \tag{2-3-28}$$

再设 $\lambda' = \lambda k^3/8$，则可得：

$$\frac{\Delta p_f}{L} = \lambda'\frac{(1-\varepsilon)a}{\varepsilon^3}\rho u^2 \tag{2-3-29}$$

式(2-3-29) 即为流体通过颗粒层压降的数学模型，其中保留了待定系数 λ'。λ' 亦称为模型参数，其物理意义为固定床的流动摩擦系数。获得了数学模型，尚需进一步描述颗粒的总表面积，才有可能投入使用。其可能的处理方法是：①根据几何面积相等的原则，确定非球形颗粒的当量直径；②根据总面积相等的原则，确定非均匀颗粒的平均直径。

上述理论分析是建立在流体力学的一般知识和对实际过程——爬流的深刻认识基础上的，也就是建立在理论的一般性和过程的特殊性相结合的基础上的。这是对大多数复杂工程问题处理方法的共同特点。尽管如此，该处理方法仍然还是近似的、抽象的，能否真实地描述实际过程，还需经过模拟实验的检验与修正。

2)数学模型的检验与模型参数的确定

如果上述理论分析与推导是严格准确的，案例就可以用伯努利方程做出定量的描述，不必再进行实验验证。但事实并非如此，因为在理论分析和推导中就已经清楚地估计到了对过程的简化和模型的建立带来的各种误差所造成的与实际情况的差距，而留下了一个特定系数 λ'。λ' 与 Re 的关系必须通过模拟实验才能确定。如果所有的实验结果归纳出了统一的流动摩擦系数 λ' 与 Re 的关系，就可以认为所做的理论分析和模型构思得到了实验的检验。否则，就必须对模型进行若干修正后，再进行实验的检验。康采尼（Kozeny）对此进行了实验研究，他发现在流速较低时，在床层雷诺数 $Re'<2$ 的情况下，实验数据能较好地符合下式：

$$\lambda' = \frac{K}{Re'} \tag{2-3-30}$$

式中，K 为康采尼常数，其值为 5.0Re'可由下式计算：

$$Re' = \frac{d_e u_1 \rho}{4\mu} = \frac{\rho u}{a(1-\varepsilon)\mu} \tag{2-3-31}$$

对各种不同的床层，康采尼常数的颗粒误差不超过 10%，这说明上述简化模型确实是实际过程的合理简化。当我们用模拟实验来确定模型参数时，实际上也就是对简化模型的一种检验。

（2）量纲分析法

量纲分析法可以不需要对过程的充分了解，甚至可以不采用真实物料、真实流体和实际的设备尺寸，仅借助于模拟物料（如空气、水、砂等），在实验室规模的小型设备上，经过一些预备性实验或理论上的分析找出一些过程的影响因素，根据物理方程的量纲一致性原则和 π 定律归纳、概括为有实验依据的经验方程。量纲分析法是建立在对物理量量纲的正确分析基础上的。要掌握好量纲分析法，就必须了解物理量的量纲及相互间的关系。

1）物理量的量纲与无量纲数

物理量的单位可分为基本单位与导出单位两大类型。国际单位制所规定的基本物理量单位有七个。按其所描述对象的不同，又可分为长度、质量、时间、温度、物质的量、发光强度、电流强度七种不同的单位种类。我们将基本物理量单位的种类称为物理量的基本量纲。同一种类的物理量单位，不论单位的大小、单位制，其量纲都是相同的。在化学工程中常用物理量的基本量纲只有长度、质量、时间和温度，分别以 L、M、θ、T 来表示。同理，导出单位的相应量纲称为导出量纲。导出量纲是由基本量纲经公式推导而得到的，是由基本量纲组成的。通常可以把它表示为基本量纲的幂指数的乘积形式。如果一个物理量所有基本量纲的幂指数均为零，其量纲表达为“1”，这种物理量称为无量纲数。一个无量纲数可以由几个有量纲数的乘除组合而成，只要组合的结果能使各基本量纲的指数为零即可。

2）物理方程的量纲一致性原则

不同种类的物理量不能相加减，不能列等式，也不能比较它们的大小。反之，对于能够加减、列等式的物理量，其单位必属于同一种类，即应具有相同的量纲。也就是说，一个物理量方程只要它是根据基本原理通过数学推导而得到的，在方程两边各项的量纲必然是一致的，这就是物理方程的量纲一致性（或均匀性）原则。物理方程的量纲一致性原则是量纲分析法的理论基础。但这一原则不适用于那些没有理论原则作指导，仅根据实际观察所总结出来的经验或半经验公式。不过应当指出，任何经验公式只要引入一个有量纲的常数，也可以使它成为量纲一致的物理方程。

3）白金汉（Buckingham）π 定律

若影响某一物理过程的物理变量有 n 个，即：

$$f(x_1, x_2, x_3, \cdots, x_n) = 0 \tag{2-3-32}$$

设这些物理变量中有 m 个基本量纲，则该过程可用 $(n-m)$ 个无量纲数所表示的关系式来描述，即：

$$F(\pi_1, \pi_2, \pi_3, \cdots, \pi_i) = 0 \tag{2-3-33}$$

π 定律可以从数学上得到证明（此处从略），它的基本含义是：任何量纲一致的物理方程都可以表示为一组无量纲数群的函数，且无量纲数群的数目 i 等于影响该现象的物理量的总数 n 减去用以表示这些物理量的基本量纲的数目 m，即 $i = n - m$。

4)量纲分析法

利用 π 定律对研究对象进行量纲分析的基本方法及步骤大致如下：

通过预备实验，确定对所研究的对象有影响的独立变量，并写出其相应的函数表达式：

$$f(x_1, x_2, x_3, \cdots, x_n) = 0 \tag{2-3-34}$$

写出各变量的基本量纲表达式，并确定基本量纲的数目 m。

从 n 个变量中选出 m 个变量作为基本变量，条件是它们的量纲应能包括 n 个变量涉及的所有基本量纲，并且它们是相互独立的(即一个不能从另外几个导出)。

根据 π 定律，写出用 $n-m$ 个无量纲数：

$$\pi_i = x_i x_1^a x_2^b \cdots x_m^c \tag{2-3-35}$$

式中，x_1、x_2、…、x_m 为选定的基本变量；x_i 为除去基本变量之后余下的 $(n-m)$ 个变量中的任何一个；a、b、…、c 为待定指数。

将各变量的量纲代入无量纲数表达式，依照量纲一致性原理，列出各无量纲数的关于其基本量纲的指数的线性方程，可求出各无量纲数群的具体表达式。

将原关系式改成 $(n-m)$ 个无量纲数之间，含有特定系数的函数关系表达式：

$$F(\pi_1, \pi_2, \cdots, \pi_i) = 0 \tag{2-3-36}$$

根据函数 F 的无量纲数表达式组织模拟实验，以确定表达式中待定系数的值及原函数 f 的具体关系式。

由此可见，利用量纲分析可将 n 个变量之间的关系转变为 $(n-m)$ 个无量纲数之间的关系。在通过实验处理工程实际问题时，不但可以使实验变量的数目减少，大幅度降低实验工作量，还可以通过变量之间关系的改变使原来难以进行的实验得以容易实验。

常用的量纲分析法有雷莱(Lord Rylegh)指数法和白金汉法两种，前者用于仅用较少的无量纲数群即可表示的简单过程，后者则主要用于须用较多的无量纲数群才能表示的复杂过程。雷莱(Lord Rylegh)指数法可参考化工原理教材中的有关章节部分。

5)工程实验的组织

组织工程实验的目的,常见的有以下几种类型。

①为工程设计项目提供准确、可靠的实验数据。

②模拟实际生产过程,优化操作控制参数,取得最佳的工艺控制指标。

③模拟实际生产过程,探讨解决实际生产问题的可行方案。

④对小试结果进行工程放大(中试),为工业化生产提供更为可靠的实验数据。

⑤为从理论上研究和描述化工生产过程,或检验理论研究成果的可靠性。

⑥根据专业教学的要求,提供实际操作的机会,以培养学生的动手能力及分析和解决实际问题的能力。

前三种类型是实际生产的需要,④与⑤是科研的需要,最后一种类型则完全是教学的需要。

工程实验的组织包括以下内容。

实验方案的设计:①根据实验目的,确定实验的基本原理,并分析其可行性;②根据实验室条件,设计可行的实验方案;③实验方案的比较与优化。

实验装置与流程的设计:①确定实验装置与流程;②确定控制点与操作控制指标;③选择合适的测量仪表与检测方法。

实验所需材料的准备:包括实验所需的材料、原料与实验设备、仪器仪表与零配件等。

实验设备的制作、安装与调试。

实验操作计划的制订。

工程实验的组织工作是比较复杂的,尤其是包括较多单位操作过程的大型工程实验的组织工作则更是如此。它不仅需要扎实的本专业理论知识,而且还可能涉及机械、电气工程、自动控制等其他专业理论知识,以及丰富的工程实践经验。化工类的工程实验，常常以化工单元操作过程为对象，研究在实际化工生产过程中常见的传质、传热、流体流动及反应器理论等各类工程问题。

化工原理实验主要是以教学为目的，以化工单元操作过程为研究对象。所采用的实验设备基本上都是定型设备。实验的流程、装置与测量仪表等都已经确定，所以这一类实验的组织任务，主要是根据已有的实验设备，选择和确定合适的实验方案，即主要是进行实验方案的设计。在一套实验装置上，常常可以完成多项实验课题。例如，在离心泵特性曲线的实验装置上不仅可以做单台离心泵的特性曲线实验，也可以将两套独立的实验装置联合起来做离心泵的并、串联特性曲线实验。稍作改进，还可以做管路特性曲线的测定实验。同样，在传热实验装置上，不仅可以做总传热系数的测定实验，也可以做管内给热系数的测定实验，还可以做传热效率测定实验，保温材料的热导率测定实验等。如何充分利用现有的实验装置，设计最好的实验方案，开发出更多的实验项目，充实更多的实验内容，以取得更好的实验效果是化工原理实验组织工作的主要目标。

现以热导率的测定为例，简单说明一下实验方案的设计程序。

首先是实验原理的确定，对于单层圆管的热导率方程为：

$$Q = 2\pi L\lambda \frac{t_1 - t_2}{\ln(r_2/r_1)} \tag{2-3-37}$$

式中，Q 为圆管壁面导热速率，W；L 为圆管长度，m；λ 为圆管壁面热导率，W/(m·℃)；t_1、t_2 为圆管壁面内、外侧温度，℃；r_1、r_2 为圆管壁面内、外对应的半径，m。

式中，L、t_1、t_2、r_1、r_2 等参数都是可以直接测定的数据，如果能确定 Q 值，则 λ 就可以由式(2-3-37)求得。Q 值的确定有两种方法可供选择。

采用一种 λ 值已知的保温材料在管外保温，在一定实验条件下，直接利用式(2-3-37)测定单位管长的 Q 值。

利用管内流体，由对流传热速率方程 $Q = aS(T - t_w)$ 求取 Q 值。式中，a 为圆管外壁对流传热系数，W/(m^2·℃)；S 为圆管外壁面积，m^2；T 为圆管外壁环境（流体）温度，℃；t_w 为圆管外壁温度，℃。

如果采用第一种方法，则需要借助于一种值已知的且在实验室便于施工使用的保温材料。采用第二种方法，则需要测定管内流体的给热系数。究竟采用哪一种方法，应根据现有实验条件来确定。

其次是实验方案的确定。采用第一种方法的关键是找到一种已知热导率的保温材料，而第二种方法的关键是测定管内流体的给热系数。两者比较，采用后者更为合适。因为实验室现有的传热实验装置已经具备测定管内流体的给热系数的全部条件，不必再增添或修改实验设备，也不必去寻找其他辅助实验材料。因此，可以确定采用第二种方法进行实验。其具体实验方案便可以根据第二种方法的要求来进行如下安排。

在现有套管换热器的套管外侧包裹一层一定长度、厚度和待测保温材料构成的均匀保温层。

在待测保温层的内外两侧安装测温装置（内侧可用热电偶，外侧可用表面温度计直接测定）。

具体测定步骤：

①利用现有装置测定套管换热器夹套内蒸汽的给热系数 a。

②测定套管管内蒸汽温度 T 和套管外壁壁面温度 t_w 以及套管给热面积 S。

③由式 $Q=aS(T-t_w)$ 求取 Q 值。

④取保温层内侧温度 $t_1=t_w$，并测定保温层外侧温度 t_2。

⑤设已知的保温层厚度为 b，长度为 L，$r_1=R_0$（R_0 为套管外径），$r_2=r_1+b$。

⑥由式（2-3-37）求取 λ 值，即

$$\lambda=\frac{Q\ln(r_2/r_1)}{2\pi L(t_1-t_2)} \tag{2-3-38}$$

当然，对于热导率的测定目前已有更为精确的实验测定方法。采用上述方法来测定保温材料的热导率是比较粗糙的，这里仅用以说明实验方案的设计程序。

确定了实验方案，下一步就是要制定详细的实验操作计划，做好实验的准备工作，最后才能进入实验操作阶段。制订一个理想的、切实可行的实验方案，是高质量完成工程实验的基础，精心制定实验操作计划、做好实验的准备工作是完成工程实验的保证，只有按预定实验设计精心进行实验操作才有可能达到工程实验的预期目的，取得最佳的实验效果。

2. 工程实验数据的处理方法

(1)列表法

列表法就是将实验数据列成表格表示，通常是整理数据的第一步，为标绘曲线图或整理成数学公式打下基础。

1)实验数据表的分类

一般分为两大类：原始记录数据表和整理计算数据表。

①原始记录数据表必须在实验前设计好，以清楚地记录所有待测数据，如离心泵实验原始记录数据表的格式见表 2-3-2。

②整理计算数据表应简明扼要，只表达主要物理量(参变量)的计算结果，有时还可以列出实验结果的最终表达式，如离心泵性能实验整理计算数据表的格式见表 2-3-3。

表 2-3-2　离心泵性能实验原始数据记录表

年　月　日

<table>
<tr><td colspan="2">装置编号：
两取压口之间垂直高度差：</td><td colspan="2">离心泵型号：
水平均温度：</td><td>泵转速：
电机效率：</td></tr>
<tr><td>项目
序号</td><td>流量计读数(m^3/h)</td><td>压强表读数(kPa)</td><td>真空表读数(kPa)</td><td>功率表读数(W)</td></tr>
<tr><td>1</td><td></td><td></td><td></td><td></td></tr>
<tr><td>2</td><td></td><td></td><td></td><td></td></tr>
<tr><td>3</td><td></td><td></td><td></td><td></td></tr>
<tr><td>4</td><td></td><td></td><td></td><td></td></tr>
<tr><td>5</td><td></td><td></td><td></td><td></td></tr>
</table>

续表

项目 序号	流量计读数 (m^3/h)	压强表读数 (kPa)	真空表读数 (kPa)	功率表 读数(W)
6				
7				
8				
9				
10				
备注：				

表 2-3-3　离心泵性能实验整理计算数据表

年　　月　　日

项目 序号	流量 (q_v, m^3/h)	扬程 (H, m)	功率 (P, w)	效率 (η, %)
1				
2				
3				
4				
5				
6				
7				
8				
9				
10				
备注：				

2)拟定实验数据表应注意的事项

① 数据表的表头要列出物理量的名称、符号和单位。单位不宜混在数字之中,以免造成分辨不清。

② 要注意有效数字位数,即记录的数字应与测量仪表的准确度相匹配,不可过多或过少。

③ 物理量的数值较大或较小时,要用科学记数法来表示。以"物理量的符号$\times 10^{\pm n}$/单位"的形式,将$10^{\pm n}$记入表头,注意:表头中的$10^{\pm n}$与表中的数据应服从下式:

物理量的实际值$\times 10^{\pm n}$=表中数据

④ 为便于排版和引用,每一个数据表都应在表的上方写明表号和表题(表名)。表格应按出现的顺序编号。表格的出现,在正文中应有所交代,同一个表尽量不跨页,必须跨页时,在此页上须注上"续表……"。

⑤ 数据表格要正规,数据一定要书写清楚整齐,不得潦草。修改时宜用单线将错误的划掉,将正确的写在下面。各种实验条件及记录者的姓名可作为"表注",写在表的下方。

(2)图示法

实验数据图示法的优点是直观清晰,便于比较,容易看出数据中的极值点、转折点、周期性、变化率以及其他特性。准确的图形还可以在不知数学表达式的情况下进行微积分运算,因此得到广泛的应用。

作曲线图时必须依据一定的法则,只有遵守这些法则,才能得到与实验点位置偏差最小而光滑的曲线图形。

1)坐标系的选择

化工中常用的坐标系为直角坐标系,包括笛卡尔坐标系(又称普通直角坐标系)、半对数坐标系(一个轴是分度均匀的普通坐标轴,另一个轴是分度不均匀的对数坐标轴)和对数坐标系(两个轴都是对数标度的坐标轴)。应根据实验数据的特点来选择合适的坐标系。

2)在下列情况下,建议用半对数坐标系

①变量之一在所研究的范围内发生了几个数量级的变化。

②在自变量由零开始逐渐增大的初始阶段,当自变量的少许变化引起因变量极大变化时,此时采用半对数坐标纸,曲线最大变化范围可伸长,使图形轮廓清楚。

③需要将某种函数变换为直线函数关系,如指数 $y = ae^{bx}$ 函数。

3)在下列情况下应用对数坐标系

①如果所研究的函数 y 和自变量 x 在数值上均变化了几个数量级。

②需要将曲线开始部分划分成展开的形式。

③当需要变换某种非线性关系为线性关系时,例如,抛物线 $y = ax^b$ 函数。

4)其他必须注意的事项

①图线光滑。利用曲线板等工具将各离散点连接成光滑曲线,并使曲线尽可能通过较多的实验点,或者使曲线以外的点尽可能位于曲线附近,并使曲线两侧的点数大致相等。

②定量绘制的坐标图,其坐标轴上必须标明该坐标所代表的变量名称、符号及所用的单位。

③图必须有图号和图题(图名),以便于排版和引用。必要时还应有图注。

④不同线上的数据点可用"○"、"△"等不同符号表示,且必须在图上明显地标出。

(3)数学方程表示法

在实验研究中,除了用表格和图形描述变量的关系外,常常把实验数据整理成方程式,以描述过程或现象的自变量和因变量之关系,即建立过程的数学模型。在已广泛应用计算机的时代,这样做尤为必要。

鉴于化学和化工是以实验研究为主的科学领域,很难由纯数学物理方法推导出确定的数学模型,而是采用半经验方法、纯经验方法和由实验曲线的形状确定相应的经验公式。

1)半经验分析方法

化学原理课程中介绍的,由量纲分析法推出准数关系式,是最常见的一种方法。用量纲分析法不需要首先导出现象的微分方程。但是,如果已经有了微分方程暂时还难以得出解析解,或者又不想用数值解时,也可以从导出准数关系式,然后由实验来最后确定其系数值。例如,动量、热量和质量传递过程的准数关系式分别为

$$Eu = A\left(\frac{l}{d}\right)^{a} Re^{b}$$

$$Nu = BRe^{c}Pr^{d}$$

$$Sh = CRe^{e}Sc^{f}$$

其中,各式中的常数(例如 $A,a,b,\cdots$)可由实验数据通过计算求出。

2)纯经验分析方法

根据各专业人员长期积累的经验,有时也可决定整理数据时应采用什么样的数学模型。比如,在不少化学反应中常有 $y = ae^{bt}$ 或者 $y = ae^{bt+ct^2}$ 形式。对溶解热或热容和温度的关系又常常可用多项式 $y = b_0 + b_1x + b_2x^2 + \cdots + b_mx^m$ 来表达。又如在生物实验中培养细菌,假设原来细菌的数量为 a,繁殖率为 b,则每一时刻的总量 y 与时间 t 的关系也呈指数关系,即 $y = ae^{bt}$ 等。

3)由实验曲线求经验公式

如果在整理实验数据时,对选择模型既无理论指导,又无经验可以借鉴,此时将实验数据先标绘在普通坐标纸上,得一直线或曲线。

如果是直线,则根据初等数学,可知:$y = a + bx$,其中 a、b 值可由直线的截距和斜率求得。如果不是直线,也就是说,y 和 x 不是线性关系,则可将实验曲线和典型的函数曲线相对照,选择与实验曲线相似的典型曲线函数,然后对所选函数与实际数据的符合程度加以检验。常见函数的典型图形列于表 2-3-4 中。

表 2-3-4　化工中常见的曲线与函数式之间的关系

（摘自《化工数据处理》）

序号	图形	函数及线性化方法
1	y O x (b>0)　y O x (b<0)	双曲线函数 $y=\dfrac{x}{ax+b}$
2	y O x	S形曲线 $y=\dfrac{1}{a+be^{-x}}$
3	y O x (b<0)　y O x (b>0)	指数函数 $y=ae^{bx}$
4	y O x (b>0)　y O x (b<0)	指数函数 $y=ae^{\frac{b}{x}}$
5	y b>1 b=1 0<b<1 O x (b>0)　y −1<b<0 b=−1 b<−1 O x (b<0)	幂函数 $y=ax^b$

续表

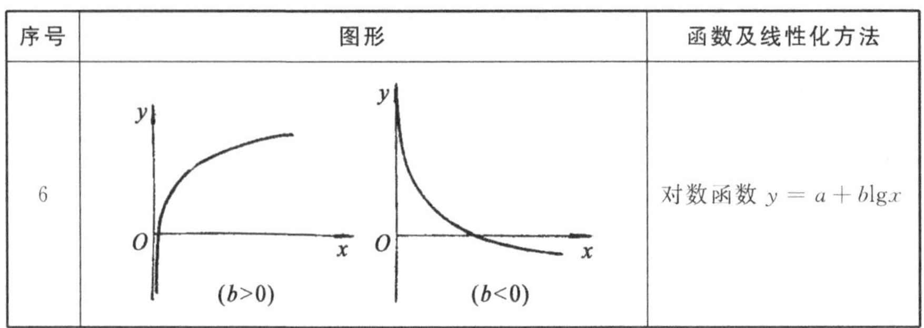

序号	图形	函数及线性化方法
6	y O x $(b>0)$ y O x $(b<0)$	对数函数 $y=a+b\lg x$

(4)实验数据的回归分析

回归分析法是目前在寻求实验数据的变量关系间的数学模型时，应用最广泛的一种数学方法，回归分析法与电子计算机相结合，已成为确定经验公式最有效的手段之一。

1)回归分析的含义及内容

①回归分析。回归分析是处理变量之间相互关系的一种数理统计方法。用这种数学方法可以从大量观测的散点数据中寻找到能反映事物内部的一些统计规律，并可以按数学模型形式表达出来，故称它为回归方程(回归模型)。

对具有相关关系的两个变量，若用一条直线描述，则称一元线性回归；若用一条曲线描述，则称一元非线性回归。对具有相关关系的三个变量，其中一个因变量、两个自变量，若用平面描述，则称二元线性回归；若用曲面描述，则称二元非线性回归。以此类推，可以延伸到 n 维空间进行回归，则称多元线性或非线性回归。

②回归分析法所包括的内容。回归分析法所包括的内容或可以解决的问题，概括起来有如下四个方面。

a. 根据一组实测数据，按最小二乘法原理建立正规方程，解正规方程得到变量之间的数学关系式，即回归方程式。

b. 判明所得到的回归方程式的有效性。回归方程式是通过数理统计方法得到的，是一种近似结果，必须对它的有效性做出定量检验。

c. 根据一个或几个变量的取值，预测或控制另一个变量的取值，并确定其准确度（精度）。

d. 进行因素分析。对于一个因变量受多个自变量（因素）的影响，则可以分清各自变量的主次和分析各个自变量（因素）之间的相互关系。

表 2-3-5　一元线性回归

$n-2$	5%	1%	$n-2$	5%	1%	$n-2$	5%	1%
1	0.997	1.000	16	0.468	0.590	35	0.325	0.418
2	0.950	0.990	17	0.456	0.475	40	0.304	0.393
3	0.878	0.959	18	0.444	0.561	45	0.388	0.372
4	0.811	0.917	19	0.433	0.549	50	0.273	0.354
5	0.754	0.874	20	0.423	0.537	60	0.250	0.325
6	0.707	0.834	21	0.413	0.526	70	0.232	0.302
7	0.666	0.798	22	0.404	0.515	80	0.217	0.283
8	0.632	0.765	23	0.396	0.505	90	0.205	0.267
9	0.602	0.735	24	0.388	0.496	100	0.195	0.254
10	0.576	0.708	25	0.381	0.487	125	0.174	0.228
11	0.553	0.684	26	0.374	0.478	150	0.159	0.208
12	0.532	0.661	27	0.367	0.470	200	0.138	0.181
13	0.514	0.641	28	0.361	0.463	300	0.113	0.148
14	0.497	0.623	29	0.355	0.456	400	0.098	0.128
15	0.482	0.606	30	0.349	0.449	1000	0.062	0.081

表 2-3-6　一元线性回归的方差分析表

名称	平方和	自由度	方差	方差比	显著性
回归	$U=\sum(\hat{y}_i-\bar{y})^2$	$f_U=m-1$	$V_u=U/f_U$		
剩余	$Q=\sum(y_i-\hat{y}_i)^2$	$f_Q=n-1$	$V_Q=Q/(n-2)$		

续表

名称	平方和	自由度	方差	方差比	显著性
总计	$l_{yy}=\sum(y_i-\bar{y})^2$	$f_{总}=n-1$			

F 分布表中显著性水平有 0.25,0.10,0.05,0.01 四种,一般宜先查找 $a=0.01$ 时的最小值 $F_{0.01}(f_1,f_2)$,与由式(2-3-39)计算而得的方差比 F 进行比较,若 $F\geqslant F_{0.01}(f_1,f_2)$,则可认为回归高度显著(称在 0.01 水平上显著),于是可结束显著性检验;否则再查较大 a 值相应的 F 最小值,如 $F_{0.05}(f_1,f_2)$,与实验的方差比 F 相比较,若 $F_{0.01}(f_1,f_2)>F\geqslant F_{0.05}(f_1,f_2)$,则可认为回归在 0.05 水平上显著,于是显著性检验可告结束。以此类推。若 $F<F_{0.25}(f_1,f_2)$,则可认为回归在 0.25 的水平上仍不显著,亦即 y 与 x 的线性关系很不密切。

对于任何一元线性回归问题,如果进行方差分析中的 F 检验后,就无须再作相关系数的显著性检验。因为两种检验是完全等价的。实质上说明同样的问题。

$$
\begin{aligned}
F &= (n-2)\frac{U}{Q} \\
&= (n-2)\frac{U/l_{yy}}{Q/l_{yy}} \\
&= (n-2)\frac{r^2}{1-r^2} \qquad (2\text{-}3\text{-}39)
\end{aligned}
$$

根据上式,可由 F 值解出对应的相关系数 r 值,或由 r 值求出相应的 F 值。

2)根据回归方程预报 y 值的准确度

一元线性回归中的剩余标准差

$$
s=\sqrt{\frac{Q}{n-2}}=\sqrt{\frac{\sum(y_i-\hat{y}_i)^2}{n-2}} \qquad (2\text{-}3\text{-}40)
$$

与标准误差 σ 的数学意义是完全相同的。差别仅在于求 σ 时自由度为 $n-1$,而求 s 时自由度为 $n-2$。即因变量 y 的标准误差

σ 可用剩余标准差 s 来估计：

$$s=\sqrt{\frac{Q}{n-2}}=\sqrt{\frac{l_{yy}-bl_{xy}}{n-2}} \tag{2-3-41}$$

y 值出现的概率与剩余标准差之间存在以下关系，即被预测的 y 值落在 $y_0\pm 2s$ 区间内的概率约为 95.4%，落在 $y_0\pm 3s$ 区间内的概率约为 99.7%。由此可见，剩余标准差 s 愈小，则利用回归方程预报的 y 值愈准确。故 s 值的大小是预报准确度的标志。

3）多元线性回归

多元线性回归的原理和一般求法。

在大多数实际问题中，自变量的个数往往不止一个，而因变量是一个。这类问题称为多元回归问题。多元线性回归分析在原理上与一元线性回归分析完全相同，仍用最小二乘法建立正规方程，确定回归方程的常数项和回归系数。所以下面讨论多元线性回归问题时，省略了具体推导过程。

设影响因变量 y 的自变量有 m 个：$x_1,x_2,\cdots,x_m$，通过实验，得到下列 n 组观测数据：

$$(x_{1i},x_{2i},\cdots,x_{mi};y_i)\quad i=1,2,\cdots,n \tag{2-3-42}$$

由此得正规方程：

$$\begin{cases} nb_0+b_1\sum x_{1i}+b_2\sum x_{2i}+\cdots+b_m\sum x_{mi}=\sum y_i \\ b_0\sum x_{1i}+b_1\sum x_{1i}^2+b_2\sum x_{2i}x_{1i}+\cdots+b_m\sum x_{mi}x_{1i}=\sum y_ix_{1i} \\ b_0\sum x_{2i}+b_1\sum x_{1i}x_{2i}+b_2\sum x_{2i}^2+\cdots+b_m\sum x_{mi}x_{2i}=\sum y_ix_{2i} \\ \cdots\cdots \\ b_0\sum x_{mi}+b_1\sum x_{1i}x_{mi}+b_2\sum x_{2i}x_{mi}+\cdots+b_m\sum x_{mi}^2=\sum y_ix_{mi} \end{cases} \tag{2-3-43}$$

该方程组是一个有 $m+1$ 个未知数的线性方程组。经整理可得如下形式的正规方程：

$$\begin{cases} l_{11}b_1+l_{12}b_2+\cdots+l_{1m}b_m=l_{1y} \\ l_{21}b_1+l_{22}b_2+\cdots+l_{2m}b_m=l_{2y} \\ \cdots\cdots \\ l_{m1}b_1+l_{m2}b_2+\cdots+l_{mm}b_m=l_{my} \end{cases} \tag{2-3-44}$$

这样，将有 $m+1$ 个未知数的线性方程组(2-3-43)化成了有 m 个未知数的线性方程组(2-3-44)，从而简化了计算。解此方程组即可求得待求的回归系数 $b_1, b_2, \cdots, b_m$。回归系数 b_0 值由下式来求：

$$b_0 = \bar{y} - b_1\bar{x}_1 - b_2\bar{x}_2 - \cdots - b_m\bar{x}_m \tag{2-3-45}$$

正规方程(2-3-44)的系数的计算式如下：

$$\begin{aligned} l_{11} &= \sum(x_{1i}-\bar{x}_1)(x_{1i}-\bar{x}_1) \\ &= \sum x_{1i}^2 - \frac{1}{n}\left(\sum x_{1i}\right)\left(\sum x_{1i}\right) \\ &= \sum x_{1i}^2 - \frac{1}{n}\left(\sum x_{1i}\right)^2 \end{aligned}$$

$$\begin{aligned} l_{12} &= \sum(x_{1i}-\bar{x}_1)(x_{2i}-\bar{x}_2) \\ &= \sum x_{1i}x_{2i} - \frac{1}{n}\left(\sum x_{1i}\right)\left(\sum x_{2i}\right) \end{aligned}$$

……

$$\begin{aligned} l_{1m} &= \sum(x_{1i}-\bar{x}_1)(x_{mi}-\bar{x}_m) \\ &= \sum x_{1i}x_{mi} - \frac{1}{n}\left(\sum x_{1i}\right)\left(\sum x_{mi}\right) \end{aligned}$$

$$l_{21} = l_{12}$$

……

$$l_{32} = l_{23}$$

……

$$\begin{aligned} l_{1y} &= \sum(y_i-\bar{y})(x_{1i}-\bar{x}_1) \\ &= \sum x_{1i}y_i - \frac{1}{n}\left(\sum x_{1i}\right)\left(\sum y_i\right) \end{aligned}$$

……

$$\begin{aligned} l_{yy} &= \sum(y_i-\bar{y})^2 \\ &= \sum y_i^2 - \frac{1}{n}\left(\sum y_i\right)^2 \end{aligned}$$

以下面通式表示系数的计算式：

$$l_{kj} = \sum (x_{ji} - \overline{x}_j)(x_{ki} - \overline{x}_k) = \sum x_{ji}x_{ki} - \frac{1}{n}\left(\sum x_{ji}\right)\left(\sum x_{ki}\right)$$

$$l_{jy} = \sum (y_i - \overline{y})(x_{ji} - \overline{x}_j) = \sum x_{ji}y_i - \frac{1}{n}\left(\sum x_{ji}\right)\left(\sum y_i\right)$$

式中，下标 $i = 1,2,\cdots,n$；$k = 1,2,\cdots,m$；$j = 1,2,\cdots,m$；n 为数据的组数；m 为 m 元线性回归；回归模型中自变量 x 的个数；正规方程组(2-3-44)的行数和列数。

线性方程组(2-3-44)的求解，可采用目前应用较多的高斯消去法。高斯消去法的本质是通过矩阵的行变换来消元，将方程组的系数矩阵变换为三角阵，从而达到求解的目的。

4)回归方程的显著性检验

①多元线性回归的方差分析。在多元线性回归中，常先假设 y 与 $x_1,x_2,\cdots,x_m$ 之间有线性关系，因此对回归方程也必须进行方差分析。

同一元线性回归的方差分析一样，可将其相应计算结果列入多元线性回归的方差分析表中，如表 2-3-7 所示。

表 2-3-7　多元线性回归方差分析表

名称	平方和	自由度	方差	方差比 F
回归	$U = \sum (\hat{y}_i - \overline{y})^2 = \sum_{j=1}^{m} b_j l_{jy}$	$f_U = m$	$V_U = U/f_U$	$F = V_U/V_Q$
剩余	$Q = \sum (y_i - \hat{y}_i) = l_{yy} - U$	$f_Q = f_{总} - f_U = n - 1 - m$	$V_Q = Q/f_Q$	
总计	$l_{yy} = \sum (y_i - \overline{y})^2$	$f_{总} = n - 1$		

同样，可以利用 F 值对回归式进行显著性检验，即通过 F 值对 y 与 $x_1,x_2,\cdots,x_m$ 之间的线性关系的显著性进行判断。

在查 F 分布表时，把 F 计算式中分子的自由度 $f_U = m$ 作为第一自由度 f_1，分母的自由度 $f_Q = n - 1 - m$ 作为第二自由度

f_2。检验时，先查出 F 分布表中的几种显著性的数值，分别记为

$$F_{0.01}(m,n-m-1)$$
$$F_{0.05}(m,n-m-1)$$
$$F_{0.10}(m,n-m-1)$$
$$F_{0.25}(m,n-m-1)$$

然后将计算的 F 值，同以上四个表中记载的 F 值相比较，判断因变量 y 与 m 个自变量 x_i 的线性关系密切程度。若 $F \geqslant F_{0.01}(m,n-m-1)$，在 0.01 水平上显著，记为"4 * "；$F_{0.05}(m,n-m-1) \leqslant F < F_{0.01}(m,n-m-1)$，在 0.05 水平上显著，记为"3 * "；$F_{0.10}(m,n-m-1) \leqslant F < F_{0.05}(m,n-m-1)$，在 0.10 水平上显著，记为"2 * "；$F_{0.25}(m,n-m-1) \leqslant F < F_{0.10}(m,n-m-1)$，在 0.25 水平上显著，记为"1 * "；$F < F_{0.25}(m,n-m-1)$，$\alpha$ 在 0.25 水平也不显著，记为"0 * "。

关于多元线性回归预报和控制 y 值的准确度问题，与一元线性回归相同，但在多元回归中，为准确控制 y 的取值，对自变量的取值可有更多的选择余地。

②复相关系数。在多元线性回归中也和一元的情况一样，回归结果的好坏，也可用 U 在总平方和 l_{yy} 中的比例来衡量，称 R 为复相关系数。

$$R = \sqrt{\frac{U}{l_{yy}}} = \sqrt{1-\frac{Q}{l_{yy}}} \tag{2-3-46}$$

非线性回归在许多实际问题中，回归函数往往是较复杂的非线性函数。非线性函数的求解一般可分为将非线性变换成线性和不能交换成线性两大类。

非线性回归的线性化：

工程上很多非线性关系可以通过对变量作适当的变换转化为线性问题处理。其一般方法是对自变量与因变量作适当的变换，转化为线性的相关关系，即转化为线性方程，然后用线性回归来分析处理。

直接进行非线性回归：

对于不能转化为直线模型的非线性函数模型，需要用非线性最小二乘法进行回归。非线性函数的一般形式为

$$y = f(x, B_1, B_2, \cdots, B_i, \cdots, B_m) \quad (i = 1, 2, \cdots, m)$$

x 可以是单个变量，也可以是 p 个变量，即 $x = (x_1, x_2, \cdots, x_p)$。这里只讨论一个自变量的情形。一般的非线性问题在数值计算中通常是用逐次逼近的方法来处理，其实质就是逐次"线性化"。两种常用的非线性最小二乘法是高斯-牛顿法和麦夸脱法；其中，麦夸脱法是对高斯-牛顿法修正的方法，放宽了对初值选取的限制。下面简要介绍麦夸脱法。

先给 B_i 一组初值，记为 $B_i^{(0)}$，初值与真解之差记为 Δ_i。

$$B_i = B_i^{(0)} + \Delta_i \quad (i = 1, 2, \cdots, m)$$

这时确定 B_i 的问题转化为确定 Δ_i，可对函数 f 在 $B_i^{(0)}$ 附近作泰勒展开，并略去 Δ_i 的二次及二次以上的高次项，得

$$f(x_k, B_1, B_2, \cdots, B_m) \approx f_{k0} + \frac{\partial f_{k0}}{\partial B_1}\Delta_1 + \frac{\partial f_{k0}}{\partial B_2}\Delta_2 + \cdots + \frac{\partial f_{k0}}{\partial B_m}\Delta_m$$

式中　$f_{k0} = f(x_k, B_1^{(0)}, B_2^{(0)}, \cdots, B_m^{(0)})$

$$\frac{\partial f_{k0}}{\partial B_i} = \left.\frac{\partial f(x, B_1, B_2, \cdots, B_m)}{\partial B_i}\right|_{\substack{x = x_k \\ B_1 = B_1^{(0)} \\ \vdots \\ B_m = B_m^{(0)}}}$$

当 $B_i^{(0)}$ 给定后，x 是已知的实验数据，所以，f_{k0} 和 $\frac{\partial f_{k0}}{\partial B_i}$ 可以直接算出。根据最小二乘法原理，为使残差平方和 Q 达到最小，各 B_i 应满足如下条件。

$$\begin{cases} \dfrac{\partial Q}{\partial B_1} = 0 \\ \dfrac{\partial Q}{\partial B_2} = 0 \\ \vdots \\ \dfrac{\partial Q}{\partial B_m} = 0 \end{cases} \tag{2-3-47}$$

而

$$Q=\sum_{k=1}^{n}[y_k-f(x_k,B_1,B_2,\cdots,B_m)]^2$$
$$\approx\sum_{k=1}^{n}\left[y_k-\left(f_{k0}+\frac{\partial f_{k0}}{\partial B_1}\Delta_1+\cdots+\frac{\partial f_{k0}}{\partial B_m}\Delta_m\right)\right]^2 \tag{2-3-48}$$

则

$$\frac{\partial Q}{\partial B_i}=\frac{\partial Q}{\partial \Delta_i}\approx 2\sum_{k=1}^{n}\left[y_k-\left(f_{k0}+\frac{\partial f_{k0}}{\partial B_1}\Delta_1+\frac{\partial f_{k0}}{\partial B_m}\Delta_m\right)\right]\left(-\frac{\partial f_{k0}}{\partial B_i}\right)$$
$$=2\left[\Delta_1\sum_{k=1}^{n}\frac{\partial f_{k0}\partial f_{k0}}{\partial B_1\partial B_i}+\cdots+\Delta_m\sum_{k=1}^{n}\frac{\partial f_{k0}\partial f_{k0}}{\partial B_m\partial B_i}\right.$$
$$\left.-\sum_{k=1}^{n}\frac{\partial f_{k0}}{\partial B_i}(y_k-f_{k0})\right]\quad(i=1,2,\cdots,m) \tag{2-3-49}$$

根据式(2-3-47)的条件，式(2-3-48)可展开成一个方程组

$$\begin{cases}a_{11}\Delta_1+a_{12}\Delta_2+\cdots+a_{1m}\Delta_m=a_{1y}\\ a_{21}\Delta_1+a_{22}\Delta_2+\cdots+a_{2m}\Delta_m=a_{2y}\\ a_{m1}\Delta_1+a_{m2}\Delta_2+\cdots+a_{mm}\Delta_m=a_{my}\end{cases} \tag{2-3-50}$$

其中

$$a_{ij}=\sum_{k=1}^{n}\frac{\partial f_{k0}}{\partial B_i}\frac{\partial f_{k0}}{\partial B_j}(i,j=1,2,\cdots,m)$$
$$a_{iy}=\sum_{k=1}^{n}\frac{\partial f_{k0}}{\partial B_i}(y_k-f_{k0}) \tag{2-3-51}$$

即在原方程组(2-3-50)的对角线系数加上一个阻尼因子 $d(d\geqslant 0)$，将解 Δ_i 所用的线性方程组修改为

$$\begin{cases}(a_{11}+d)\Delta_1+a_{12}\Delta_2+\cdots+a_{1m}\Delta_m=a_{1y}\\ a_{21}\Delta_1+(a_{22}+d)\Delta_2+\cdots+a_{2m}\Delta_m=a_{2y}\\ \cdots\cdots\\ a_{m1}\Delta_1+a_{m2}\Delta_2+\cdots+(a_{mm}+d)\Delta_{mm}=a_{my}\end{cases} \tag{2-3-52}$$

若引入记号

$$\Delta=(\Delta_1,\Delta_2,\cdots,\Delta_m)$$
$$a_y=(a_{1y},a_{2y},\cdots,a_{my}) \tag{2-3-53}$$

可以证明

a. 当 d 越来越大时，Δ 的长度越来越小，并以零为极限，即

$$\lim_{d\to\infty}|\Delta| = 0 \tag{2-3-54}$$

b. 当 d 越来越大时，Δ 和 a_y 两矢量的夹角 r 越来越小，并以零为极限，即

$$\lim_{d\to\infty} r = 0 \tag{2-3-55}$$

由于 a_y 不随 d 改变，b 结论实际上指出 Δ 的方向将随着 d 的增大而逐渐接近 a_y 的方向。又由于 a_y 的方向就是最快下降的方向，沿着这个方向，只要步长不太大，残差平方和 Q 总可以逐渐减小。所以，只要 d 充分大，定能保证下次迭代中得到的 Q 值比上一次小，除非当前的 $B_i^{(0)}$ 值已是所求的真解了。

上面的两个结论提供了阻尼因子 d 的选取原则，迭代在收敛情况下，为减少迭代次数，d 宜选较小的值；仅当不能保证相应的 Q 值比前次小的情况下，才选较大的 d 值。因此，d 是随迭代过程的进行而变化的。具体选取方法：

a. 算出初值 $B_i^{(0)}$ 所对应的残差平方和 $Q^{(0)}$，指定一个常数 c（$c>1$，例如令 $c=10$），并给出 d 的一个初值 $d^{(0)}$（例如当 $a_{ii}=1$ 时，令 $d^{(0)}=0.01$）。

b. 进行下一次迭代时，令

$$d = c^a d^{(0)} \quad a = -1,0,1,2,\cdots \tag{2-3-56}$$

这里的 a 值尽可能选得小些，但需保证方程组(2-3-52)解出的 Δ_i（进而是 B_i）相应的 Q 不大于 $Q^{(0)}$，即 $Q<Q^{(0)}$。也就是说，先令 $d=c^{-1}d^{(0)}=\dfrac{d^{(0)}}{c}$，若 $Q<Q^{(0)}$ 成立，这一迭代完成；否则，令 $d=c^0d^{(0)}=d^{(0)}$，若 $Q<Q^{(0)}$，则这一次迭代完成。否则，再令 $d=c^1d^{(0)}$……。根据上述的论证只要 $d=c^0d^{(0)}$ 充分大时，总能保证 $Q<Q^{(0)}$，从而结束这次迭代。

c. 以 d，B_i 和 Q 的当前值代替 $d^{(0)}$，$B_i^{(0)}$ 和 $Q^{(0)}$ 重复第二步作下次迭代，直至 $|\Delta_i|$ 满足精度 ε，迭代过程达到收敛。

【例 2-7】 流体在圆形直管内作强制湍流时的对流传热关

联式

$$Nu = BRe^{m}Pr^{n} \tag{2-3-57}$$

其中，常数 B，m，n 的值将通过回归求得，由实验所得数据列于本例附表 2-3-8。

首先应将式(2-3-57)转化为线性方程：

方程两边取对数得

$$\lg Nu = \lg B + m\lg Re + n\lg Pr$$

令 $y = \lg Nu \quad x_1 = \lg Re \quad x_2 = \lg Pr$

$$b_0 = \lg B \quad b_1 = m \quad b_2 = n$$

则式(2-3-57)最终可转化为

$$y = b_0 + b_1x_1 + b_2x_2 \tag{2-3-58}$$

转化后方程中的 y，x_1 和 x_2 的值见本例表 2-3-8。

表 2-3-8　例 2-7

序号	$Nu\times10^{-2}$	y	$Re\times10^{-4}$	x_1	Pr	x_2
1	1.8016	2.2556	2.4465	4.3885	7.76	0.8899
2	1.6850	2.2266	2.3816	4.3769	7.74	0.8887
3	1.5069	2.1780	2.0519	4.3122	7.70	0.8865
4	1.2769	2.1062	1.7143	4.2341	7.67	0.8848
5	1.0783	2.0327	1.3785	4.1394	7.63	0.8825
6	0.8350	1.9217	1.0352	4.0150	7.62	0.8820
7	0.4027	1.6050	1.4202	4.1523	0.71	−0.1487
8	0.5672	1.7537	2.2224	4.3468	0.71	−0.1487
9	0.7206	1.8577	3.0208	4.4801	0.71	−0.1487
10	0.8457	1.9272	3.7772	4.5772	0.71	−0.1487
11	0.9353	1.9714	4.4459	4.6480	0.71	−0.1487
12	0.9579	1.9813	4.5472	4.6677	0.71	−0.1487

对经变换得到的线性方程式(2-3-58)，按照上一节讲述的线性回归方法处理。

该方程的自变量个数较少，可采用列表法用计算器计算，所得数据如本例表 2-3-9 所示；如果自变量的个数比较多，可采用计算机编程计算。

表 2-3-9　例 2-7 附

序号	x_1	x_2	y	x_1^2	x_2^2	y^2	x_1x_2	x_1y	x_2y
1	4.3885	0.8899	2.2556	19.2589	0.7919	5.0877	3.9053	9.8987	2.0073
2	4.3769	0.8887	2.2556	19.1572	0.7898	4.9577	3.8898	9.7456	1.9766
3	4.3122	0.8865	2.1780	18.5951	0.7859	4.7437	3.8228	9.3920	1.9308
4	4.2341	0.8848	2.1062	17.9276	0.7829	4.4361	3.7463	8.9179	1.8636
5	4.1394	0.8825	2.0327	17.1346	0.7788	4.1319	3.6530	8.4142	1.7939
6	4.0150	0.8820	1.9217	16.1200	0.0221	3.6929	3.5412	7.7156	1.6949
7	4.1523	−0.1487	1.6050	17.2416	0.0221	2.5760	−0.6174	6.6644	−0.2387
8	4.3468	−0.1487	1.7537	18.8946	0.0221	3.0755	−0.6464	7.6230	−0.2608
9	4.4801	0.1487	1.8577	20.0713	0.0221	3.4510	−0.6662	8.3227	−0.2762
10	4.5772	−0.1487	1.9272	20.9507	0.0221	3.7141	0.6806	8.8212	−0.2866
11	4.6480	−0.1487	1.9714	21.6039	0.0221	3.8848	−0.6012	9.1612	−0.2931
12	4.6577	−0.1487	1.9813	21.6942	0.0221	3.9255	−0.6926	9.2283	−0.2946
$\sum$	52.3282	4.4222	23.8461	228.6497	4.0840	47.6769	18.6540	103.9048	9.6171

由本例表 2-3-9 计算结果可得正规方程中的系数和常数值列于本例表 2-3-10。

表 2-3-10　例 2-7 附

名称	l_{11}	$l_{12}=l_{21}$	l_{22}	l_{1y}	l_{2y}	l_{yy}	$\bar{y}$	$\bar{x}_1$	$\bar{x}_2$
数值	0.4616	−0.7190	3.2104	0.0485	0.8429	0.4073	1.9847	4.3607	0.3685

根据上面的数据可列出正规方程组：

$$\begin{cases}0.4616b_1 - 0.7190b_2 = 0.0485 \\ -0.7190b_1 + 3.2104b_2 = 0.8429\end{cases}$$

解此方程得 $b_1 = 0.789, b_2 = 0.439$

因为 $b_0 = \bar{y} - b_1\bar{x}_1 - b_2\bar{x}_2$

则有

$$\begin{aligned} b_0 &= 1.9847 - 0.789 \times 4.3607 - 0.439 \times 0.3685 \\ &= -1.618 \end{aligned}$$

那么线性回归方程为

$$\hat{y} = b_0 + b_1x_1 + b_2x_2 = -1.618 + 0.79x_1 + 0.44x_2 \tag{2-3-59}$$

从而求得对流传热关联式中各系数为

$m = b_1 = 0.79 \quad n = b_2 = 0.44 \quad B = \lg^{-1}b_0 = 0.024$

准数关联式为

$$\hat{Nu} = 0.024Re^{0.79}Pr^{0.44} \tag{2-3-60}$$

实测值和回归值的比较见本例表 2-3-11。

表 2-3-11 例 2-7 附

序号	1	2	3	4	5	6
$Nu \times 10^{-2}$	1.8016	1.6850	1.5069	1.2769	1.0783	0.8350
$\hat{Nu} \times 10^{-2}$	1.7356	1.6943	1.5027	1.3015	1.0931	0.8712
序号	7	8	9	10	11	12
$Nu \times 10^{-2}$	0.4027	0.5672	0.7206	0.8457	0.9353	0.9579
$\hat{Nu} \times 10^{-2}$	0.2937	0.5607	0.7146	0.8526	0.9697	0.9871

注：$\overline{Nu} = 105.109$。

5）回归方程的显著性检验

特别要说明的是，这里最后需要的回归式是式(2-3-60)，所以应对式(2-3-60)进行显著性检验，而不是对线性化之后的线性方程的回归式(2-3-59)进行检验。因为线性化之前的非线性化方程形式各异，情况很复杂，对应的 l_{yy} 不一定等于对应的 $(Q+U)$，故用 F 分布函数作显著性检验，是一种近似处理的方法。

Nu 的离差平方和：

$$
\begin{aligned}
(l_{yy})_{Nu} &= \sum_{i=1}^{n}(Nu_i - \overline{Nu})^2 \\
&= (180.16 - 105.109)^2 + (168.5 - 105.109)^2 + \cdots \\
&= 20993.55
\end{aligned}
$$

$$f_{总} = n - 1 = 11$$

回归平方和：

$$
\begin{aligned}
U &= \sum(\hat{N}u_i - \overline{Nu})^2 \\
&= (173.26 - 105.109)^2 + (169.43 - 105.109)^2 + \cdots \\
&= 20149.42
\end{aligned}
$$

$$f_U = m = 2$$

剩余平方和：

$$
\begin{aligned}
Q &= \sum(Nu_i - \hat{N}u_i)^2 \\
&= (180.16 - 173.26)^2 + (168.5 - 169.43)^2 + \cdots \\
&= 92.50
\end{aligned}
$$

$$f_Q = 11 - 2 = 9$$

$$(U)_{Nu} + (Q)_{Nu} = 20241.92$$

对 $(l_{yy})_{Nu}$ 的相对偏差$=(20241.92-20993.55)/20993.55$

$$=-3.6\times10^{-2}$$

方差比 F

$$F = \frac{20149.42/2}{92.50/9} = 980.2$$

查 F 分布表得

$$F_{0.01}(2,9) = 8.02 \ll 980.2$$

所求之准数关联式(2-3-60)在 $\alpha=0.01$ 平上高度显著。

预报 $\hat{N}u$ 值的准确度

剩余标准差

$$(s)_{Nu} = \sqrt{\frac{(Q)_{Nu}}{f_Q}} = \sqrt{\frac{92.5}{9}} = 3.2059$$

所以预报 Nu 值的绝对误差$\leqslant 2\times(s)_{Nu}=6.4$(概率 95.4%)

分析:求解本题的关键是全面掌握回归分析的方法。

第3章　化工原理实验

实验一　雷诺演示实验

一、实验目的

1. 观察流体在管内流动的两种不同型态。
2. 观察流体流通不同形态的准数变化过程。
3. 观察层流中流体质点的速度分布。

二、实验原理

流体流动有两种不同型态，即滞流（层流）和湍流（絮流）。这一现象最早是由英国科学家奥·雷诺于1883年通过实验发现的。

当流体做滞流流动时，其质点做平行于管轴的直线运动，在其他方向上无脉动；当流体做湍流流动时，流体质点在沿管轴流动的同时还做杂乱无章的随机运动，即有径向脉动。

雷诺准数是判断流动型态的准数，它是一个量纲为1的数群，数群中各物理量必须采用同一单位制。若流体在圆管内流动，则雷诺准数可用下式表示：

$$Re = \frac{d \cdot u \cdot \rho}{\mu} \tag{3-1-1}$$

式中，d 为管径，m；u 为流速，m/s；ρ 为流体的密度，kg/m^3；μ 为

流体的黏度，N·s/m^2；

工程上一般认为，Re<2000 时，流动型态为滞流；Re>4000 时，流动为湍流。Re 在 2000～4000 之间，有时为滞流，有时为湍流，流型不稳，和环境条件有关。

根据上式，可看出对于一定温度的流体，在特定的圆管内流动，雷诺准数仅与流速有关。本实验通过调节管路上阀门的开度来改变水在管内的速度，观察示踪流体流型的变化，通过对水温度和流量的测量，计算对应条件下的雷诺数，找到临界雷诺数。

三、实验装置

实验流程图如图 3-1-1 所示。

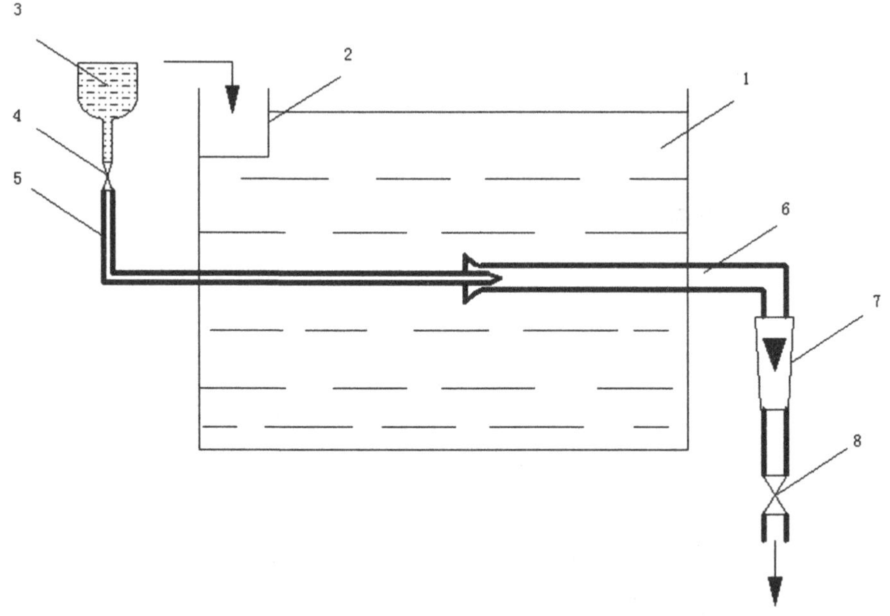

图 3-1-1　雷诺演示实验流程图

1—水箱；2—溢流板；3—墨水瓶；4—阀门；
5—细管；6—水平玻璃管；7—转自流量计；8—阀门

玻璃试验管 6 呈水平位置浸没于水箱内，水由扩大口进入玻璃管，流入细缝流量计 7 计量，流量由出口阀 8 调节，然后泄入下水道。墨水瓶 3 内装有红颜色水，它借助于本身的位头经装在玻璃管中心细钢针头注入玻璃管内，由此可观察水在玻璃管中流动的状态。

四、实验方法及步骤

1. 实验操作步骤

(1)实验装置的检查

确定水箱水位正常：打开上水阀，加水到水箱溢流口附近。

(2)数据的采集

①调节流量调节阀门 8，改变流量大小，依次从小到大(从大到小)；

②流量变化过程中，观察演示管中流体流动形态的变化，及时记录实验水温、流量及实验现象；

③测取 10 组数据。

(3)实验结束

①关闭墨水瓶针型阀；

②关上水阀；

③关闭电源；

④若长期不用该实验装置，排空水箱及管路中的水。

2. 实验操作岗位分工

为了确保实验有序地进行，以及数据的及时准确记录，并且锻炼学生操作的岗位安全责任意识，对各操作环节进行分工；随后可以进行轮岗，确保学生对实验过程的全面掌握，岗位分工见表 3-1-1，岗位中数字同流程图中数字编号。

表 3-1-1　雷诺实验岗位分工

人员编号	岗位	职责
1	7,8	流量的准确调节及实验现象的观察与记录
2	数据记录	及时准确记录 Q,t,d

五、实验数据记录与数据处理

记录表如表 3-1-2 和表 3-1-3 所示。

表 3-1-2　雷诺演示实验原始数据记录表

温度 t:______(℃)　管径 d:______(m)

序号	流量 Q(m^3/h)	实验现象
1		
2		
3		
4		
5		
6		
7		
8		
9		
10		

表 3-1-3　雷诺演示实验结果表

黏度 μ:______(N·s/m^2)　密度 ρ:______(kg/m^3)

序号	流量 Q(m^3/h)	流速 u(m/s)	雷诺数 Re	流体型态
1				

续表

序号	流量 $Q(m^3/h)$	流速 $u(m/s)$	雷诺数 Re	流体型态
2				
3				
4				
5				
6				
7				
8				
9				
10				

六、注意事项

1. 实验用水应该清洁，墨水的密度应与水相当。

2. 实验过程中，随时注意观察高位稳溢流槽的溢流水量，应该使溢流量尽可能的小。

3. 实验过程，尽可能保持实验环境的安静、稳定，避免碰撞设备。

4. 若长期不用该实验装置，排空水箱及管路中的水。

七、思考题

1. 流体流动有几种形态，判断依据是什么？

2. 什么是雷诺数？有何意义？

3. 最大流速和平均流速的关系如何？

4. 液体流态与哪些因素有关？为什么外界干扰会影响液体流态的变化？

5. 临界雷诺数与哪些因素有关？为什么上临界雷诺数和下临雷诺数不一样？

6. 流态判据为何采用无量纲参数，而不采用临界流速？

7. 工业生产时不能直接观察流体的流动类型，可以用什么方法来判断流体流动类型？

实验二　伯努利方程演示实验

一、实验目的

1. 演示流体在管内流动时静压能、动能、位能相互之间的转换现象及关系，加深对机械能守恒方程的理解。

2. 通过能量之间的变化了解流体在管内流动时其流体阻力的表现形式。

3. 定量考察当流体经过扩大、收缩管段时，各截面上静压头的变化过程。

二、实验原理

在实验管路中沿管内水流方向取 n 个过水断面。运用不可压缩流体的定常流动的总流 Bernoulli 方程，可以列出进口附近断面(1)至另一缓变流断面(i)的 Bernoulli 方程：

$$z_1 + \frac{p_1}{\rho g} + \frac{\alpha_1 v_1^2}{2g} = z_i + \frac{p_i}{\rho g} + \frac{\alpha_i v_i^2}{2g} + h_{f1-i} \qquad (3\text{-}2\text{-}1)$$

其中，$i = 2,3,4,\cdots\cdots,n$；取 $\alpha_1 = \alpha_2 = \cdots\cdots = \alpha_n = 1$。

选好基准面，从断面处已设置的静压测管中读出测管水头 $z + \frac{p}{\rho g}$ 的值；通过测量管路的流量，计算出各断面的平均流速 v 和

$\frac{\alpha v^2}{2g}$ 的值，最后即可得到各断面的总压头 $z+\frac{p}{\rho g}+\frac{\alpha v^2}{2g}$ 的值。

三、实验装置

1. 实验流程图，如图 3-2-1 和图 3-2-2 所示。
2. 实验设备主要技术参数如表 3-2-1 所示。

表 3-2-1　伯努利实验装置技术参数表

序号	名称	规格(尺寸)	材料
1	主体设备离心泵	型号：WB50/025	不锈钢
2	低位槽	880×370×550	不锈钢
3	高位槽	445×445×730	有机玻璃

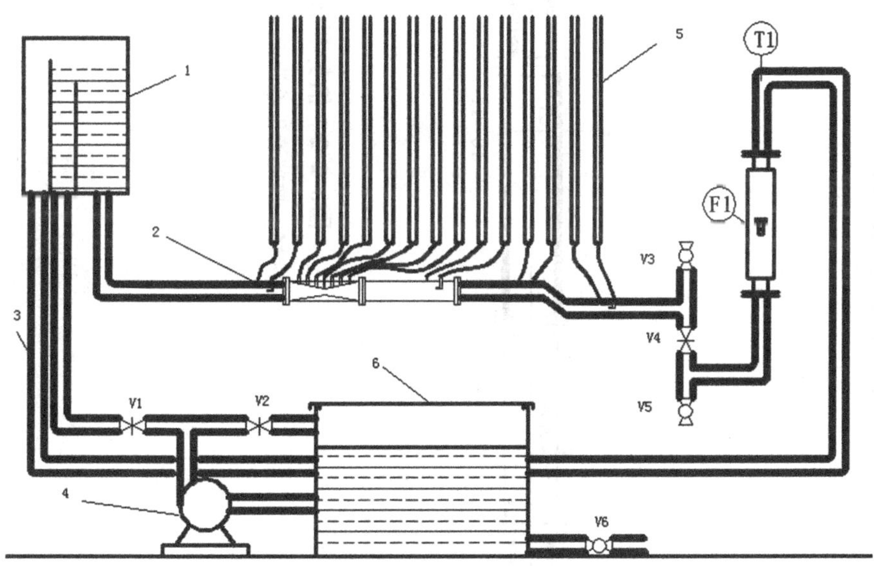

图 3-2-1　伯努利演示实验流程图

1—高位槽；2—实验管路；3—溢流管；4—离心泵；
5—玻璃管压差计；6—水箱；F1—转子流量计；
T1—温度计；V1、V2、V3、V4、V5、V6—阀门

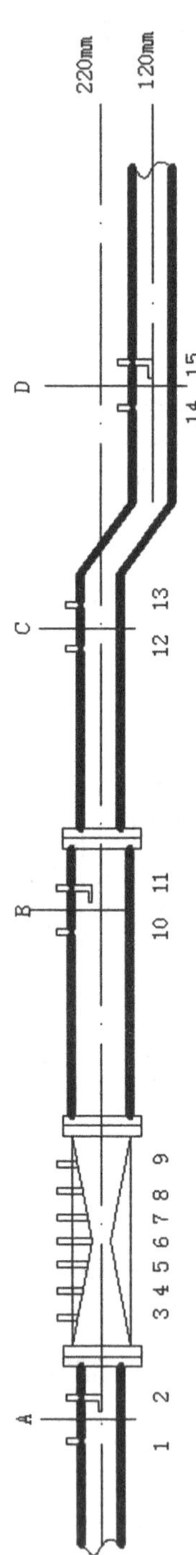

图3-2-2　伯努利实验导管示意图

1~15—玻璃管压差计管口；A、B、C、D—截面

四、实验方法及步骤

1. 实验操作步骤

(1)实验装置的检查

①检查水箱6水位:向水箱内加水至三分之二处;

②检查离心泵出口阀V1、旁路调节阀V2、实验测试导管出口流量调节阀V4、排气阀V3、排水阀V5,是否处于关闭状态,应为关闭状态。

(2)导管气泡的检查

①启动离心泵;

②逐渐开大离心泵出口上水阀V1,至高位槽溢流管有液体溢出;

③观察测试导管内是否有气泡,根据气泡玻璃管压差计在流量为零时是相平的为无气泡。

(3)数据采集

①调节阀门V4,改变流量从小到大或从大到小;

②读取转子流量计及玻璃管压差计读数;

③测取3组数据。

(4)实验结束

①关闭流量调节阀门V4;

②关闭离心泵;

③关闭电源。

2. 实验操作岗位分工

为了确保实验有序地进行,以及数据的及时准确记录,并且锻炼学生操作的岗位安全责任意识,对各操作环节进行分工;随后可以进行轮岗,确保学生对实验过程的全面掌握,岗位分工见表3-2-2,岗位中数字同流程图中数字编号。

表 3-2-2　伯努利方程演示实验岗位分工

人员编号	岗位	职责
1	V1～V6	保证泵的正常运行及流量的准确调节
2	5	观察现象并及时做排气泡处理
3	导管 1～9	及时准确记录导管 mm 水柱
4	导管 10～15	及时准确记录导管 mm 水柱、流量

五、实验数据记录与数据处理

伯努利方程演示实验原始数据记录如表 3-2-3 所示。

表 3-2-3　伯努利方程演示实验原始数据记录表

流量 Q(m^3/h)		序号		
		1	2	3
压强值（mmH_2O）	H_1			
	H_2			
	H_3			
	H_4			
	H_5			
	H_6			
	H_7			
	H_8			
	H_9			
	H_{10}			
	H_{11}			
	H_{12}			
	H_{13}			
	H_{14}			
	H_{15}			

六、注意事项

1. 开启泵以前，检查泵后所有阀门应处于关闭状态，避免气缚现象。

2. 调节流量前，要注意观测实验管路是否有气泡，注意排空导管内的气泡。

3. 流量调节要平缓。

4. 调节流量时，应将流量调节在合适的位置，流量调节阀开得过大，导致水流冲击到高位槽外部，相反，流量调节阀开得过小，高位槽水位不断降低，都将导致高位槽液面不稳定，影响实验结果。

七、思考题

1. 流体流动时具有哪些机械能？它们与对应压头有何区别？

2. 在测取压头时，首先应确定一个什么面？

3. 操作时特别要注意排除关内的空气泡，否则会干扰实验现象，为什么？如何排除？

4. 通过流量如何求平均流速？

5. 试对实验中的阻力损失做出说明。（是由哪些原因产生的，是直管阻力还是局部阻力？）

6. 流速增大，动压头增加，为什么液位反而下降？

7. 说明不同点的平均流速不同的原因。

8. 说明某点的平均速度与此点的点速度不同的原因。

实验三　流线演示实验

一、实验目的

1. 通过演示实验帮助学生进一步理解流体流动的轨迹及流

线的基本特征。

2. 观察液体流经不同固体边界时的流动现象以及旋涡发生的区域和形态等流动图像。

3. 定性地分析和考察流动形态和流速之间的关系。

二、实验原理

在化学工程学科中非常重视对边界层的研究。边界层概念的意义在于研究真实流体沿着固体壁面流动时，要集中注意流动边界层内的变化，它的变化将直接影响到动量传递、能量传递和质量传递。

边界层：当流体经过固体壁面时，由于流体具有黏性，黏附在固体壁面上静止的流体层与其相邻的流体层之间产生摩擦力，使相邻流体层的流动速度减慢。因此在垂直于流体流动的方向上便产生速度梯度 du/dy，有速度梯度存在的流体层称之为边界层。

边界层的分离：在流体流过曲面，或者流体的流道截面大小或流体流动方向发生改变时，若此时流体的压强梯度 dp/dx（沿着流动方向的流体压强变化率）改变比较大，那么流体边界层将会与壁面脱离而形成旋涡，加剧了流体质点间的互相碰撞，造成流体能量的损耗。边界层从固体壁面脱离的现象称之为边界层的分离或脱体。

由此，我们可寻找到流体在流动过程中能量消耗的原因。同时，这种旋涡（或称涡流）造成的流体微团的杂乱运动并相互碰撞混合也会使传递过程大大强化。因此，流体流线研究的现实意义就在于，可对现有流动过程及设备进行分析研究，强化传递，为开发新型高效设备提供理论依据，并在选择适宜的操作控制条件方面做出指导。

本演示实验采用气泡示踪法，可以把流体流过不同几何形状的固体中的流线、边界层分离现象以及旋涡发生的区域和强弱等流动图像清晰地显示出来。

三、实验装置

实验装置演示板简图如图 3-3-1 所示，该实验装置有六组不同结构的演示板，以呈现不同的流体路径。流线演示实验流程示意图如图 3-3-2 所示。

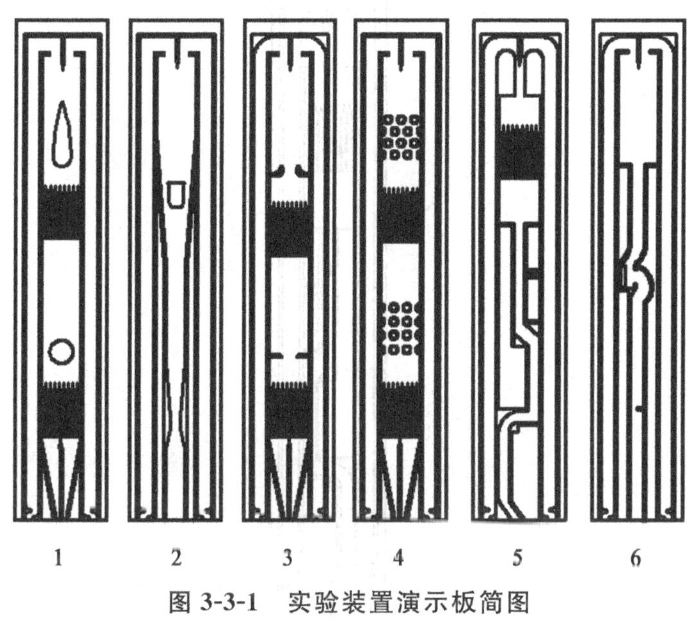

图 3-3-1　实验装置演示板简图

1、2、3、4、5、6—六组不同结构的演示板

图中第 1 组演示板：带有气泡的流体路径为首先流经逐渐扩大、稳流、单圆柱绕流、稳流、流线体绕流、直角弯道后流入循环水箱。

图中第 2 组演示板：带有气泡的流体经过逐渐缩小、稳流、转子流量计、直角弯道后流入循环水箱。

图中第 3 组演示板：带有气泡的流体经过逐渐扩大、稳流、孔板流量计、稳流、喷嘴流量计、直角弯道后流入循环水箱。

图中第 4 组演示板：带有气泡的流体经过逐渐扩大、稳流、多圆柱绕流、稳流、多圆柱绕流、直角弯道后流入循环水箱。

图中第 5 组演示板：带有气泡的流体经过 45°角弯道、圆弧形弯道、直角弯道、45°角弯道、突然扩大、稳流、突然缩小后流入循环水箱。

图中第 6 组演示板：带有气泡的流体经过阀门形状、突然扩大、直角弯道后流入循环水箱。

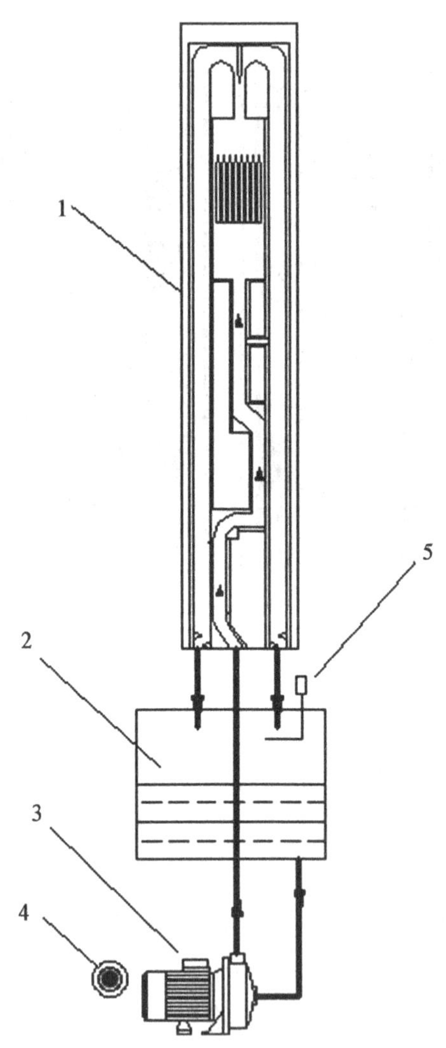

图 3-3-2　流线演示实验流程示意图

1—实验演示面板；2—水箱；3—泵；4—调压旋钮；5—掺气旋钮

四、实验方法及步骤

1. 实验操作步骤

(1)实验装置的准备

①将六组实验分装置的水箱分别灌水至二分之一处;

②接通电源。

(2)现象的观察

①打开调速旋钮,在最大流速下使演示面板两侧下水道充满水;

②调节掺气量到最佳状态,所观测到现象最清晰时即为最佳;

③观察并记录实验现象;

④依次按照如上步骤操作其他五组分装置。

(3)实验结束

①关闭调速旋钮;

②切断总电源。

2. 实验操作岗位分工

为了确保实验有序地进行,以及数据的及时准确记录,并且锻炼学生操作的岗位安全责任意识,对各操作环节进行分工;随后可以进行轮岗,确保学生对实验过程的全面掌握,岗位分工见表 3-3-1,岗位中数字同流程图中数字编号。

表 3-3-1　流线演示实验操作岗位分工

人员编号	岗位	职责
1	——	确保掺气量及水流速的准确控制
2	6 组演示面板	观察并记录实验面板现象

五、实验数据记录与数据处理

记录表如表 3-3-2 所示。

表 3-3-2　流线演示实验现象记录表

实验面板序号	实验现象
1	
2	
3	
4	
5	
6	

六、注意事项

流速和掺气量的控制以确保能清晰观察到流线流动图像为佳。

七、思考题

1. 流体流动状态有哪几种？
2. 理解边界层、边界层脱离、死区和流线的概念。
3. 为什么进水量愈大，旋涡越强烈？
4. 比较说明不同构件的流体力学现象差异的原因。
5. 在逐渐收缩段，有无旋涡产生？
6. 绕流阻力是如何产生的？研究它的意义何在？

实验四　流体阻力的测定

一、实验目的

1. 学习直管摩擦阻力压降 ΔP_f、直管摩擦系数 λ 的测定方法。

2. 掌握直管摩擦系数 λ 与雷诺数 Re 和相对粗糙度之间的关系及变化规律。

3. 掌握局部摩擦阻力 $\Delta P'_f$，局部阻力系数 ζ 的测定方法。

4. 学习压强差的几种测量方法和提高其测量精确度的一些技巧。

二、实验原理

1. 直管摩擦系数 λ 与雷诺数 Re 的测定

直管的摩擦阻力系数是雷诺数和相对粗糙度的函数，即 $\lambda = f(Re, \varepsilon/d)$，当粗糙度恒定，可简化为 $\lambda = f(Re)$，即 λ 仅仅是 Re 的函数。

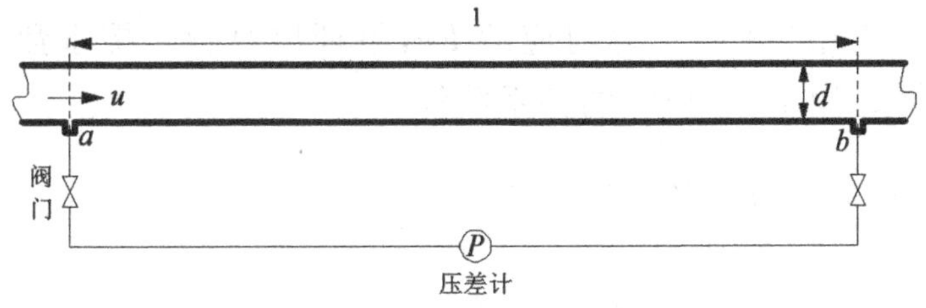

图 3-4-1　水平圆管阻力压降测量示意图

如图 3-4-1 所示，流体在一定长度等直径的水平圆管内流动时，根据伯努利方程，其管路阻力引起的能量损失为：

$$h_f = \frac{P_1 - P_2}{\rho} = \frac{\Delta P_f}{\rho} \tag{3-4-1}$$

又根据范宁公式

$$h_f = \frac{\Delta P_f}{\rho} = \lambda \frac{l}{d} \frac{u^2}{2} \tag{3-4-2}$$

联立(3-4-1)、(3-4-2)两式得

$$\lambda = \frac{2d}{\rho \cdot l} \cdot \frac{\Delta P_f}{u^2} \tag{3-4-3}$$

同时，

$$Re = \frac{d \cdot u \cdot \rho}{\mu} \tag{3-4-4}$$

$$u = \frac{Q}{A} \tag{3-4-5}$$

$$A = \frac{\pi d^2}{4} \tag{3-4-6}$$

式中，d 为管径，m；ΔP_f 为直管阻力引起的压强降，Pa；l 为管长，m；u 为流速，m/s；ρ 为流体的密度，kg/m^3；μ 为流体的黏度，$N \cdot s/m^2$；Q 为流量，m^3/s；A 为直管横截面积，m^2。

在式(3-4-2)和式(3-4-3)中，管长 l 和管径 d 是实验装置的固有值；水的密度 ρ 和黏度 μ 根据水的温度查表获取；压强降 ΔP_f 采用在直管两端连接压差计测取，如图 3-4-2 所示；流量 Q 用玻璃转子流量计测取；因此实验的本质即为根据流量的调节，测取相应的压强差。

根据实验数据和式(3-4-3)可计算出不同流量下的直管摩擦系数 λ，用式(3-4-4)计算对应的 Re，整理出直管摩擦系数和雷诺数的关系，绘出 λ 与 Re 的关系曲线。

2. 局部阻力系数 ζ 的测定

$$h'_f = \frac{\Delta P'_f}{\rho} = \zeta \frac{u^2}{2} \tag{3-4-7}$$

$$\zeta = \left(\frac{2}{\rho}\right) \cdot \frac{\Delta P'_f}{u^2} \tag{3-4-8}$$

式中，ζ 为局部阻力系数，无因次；$\Delta P'_f$ 为局部阻力引起的压强

降，Pa；h'_f 为局部阻力引起的能量损失，J/kg。

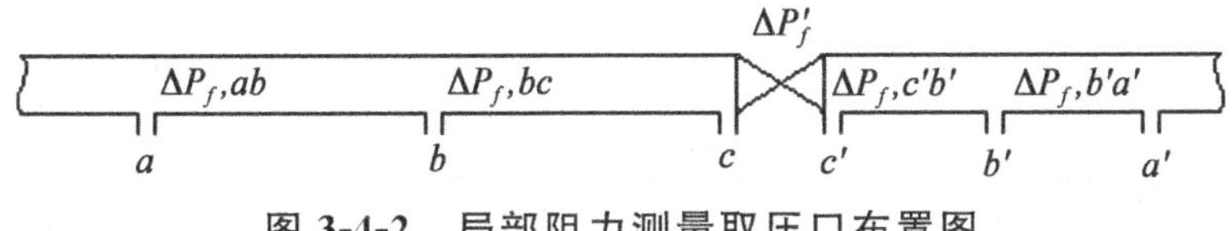

图 3-4-2　局部阻力测量取压口布置图

局部阻力系数的测定重点是局部阻力引起的压强降 $\Delta P'_f$ 的测定。

借助一些数学思想解决这个问题，在待测局部阻力的阀门上、下游两端任意位置各取一个测压点 a、a'，再分别取 ac 和 $a'c'$ 中点 b、b'，即有 $ab=bc$；$a'b'=b'c'$，则 $\Delta P_{f,ab}=\Delta P_{f,bc}$；$\Delta P_{f,a'b'}=\Delta P_{f,b'c'}$。

在 $a-a'$ 之间列伯努利方程式

$$Pa-Pa'=2\Delta P_{f,ab}+2\Delta P_{f,a'b'}+\Delta P'_f \tag{3-4-9}$$

在 $b-b'$ 之间列伯努利方程式：

$$\begin{aligned}Pb-Pb'&=\Delta P_{f,bc}+\Delta P_{f,b'c'}+\Delta P'_f\\&=\Delta P_{f,ab}+\Delta P_{f,a'b'}+\Delta P'_f\end{aligned} \tag{3-4-10}$$

联立式(3-4-9)和式(3-4-10)，即有

$$\Delta P'_f=2(Pb-Pb')-(Pa-Pa')$$

为了实验方便，称 $(Pb-Pb')$ 为近端点压差，称 $(Pa-Pa')$ 为远端点压差。其数值分别将压差计连接在近端点间和远端点间测量。

三、实验装置

1. 实验装置流程示意图

流体阻力测定实验流程图如图 3-4-3 所示，流程图中倒置 U 形管导压系统详图如图 3-4-4 所示。

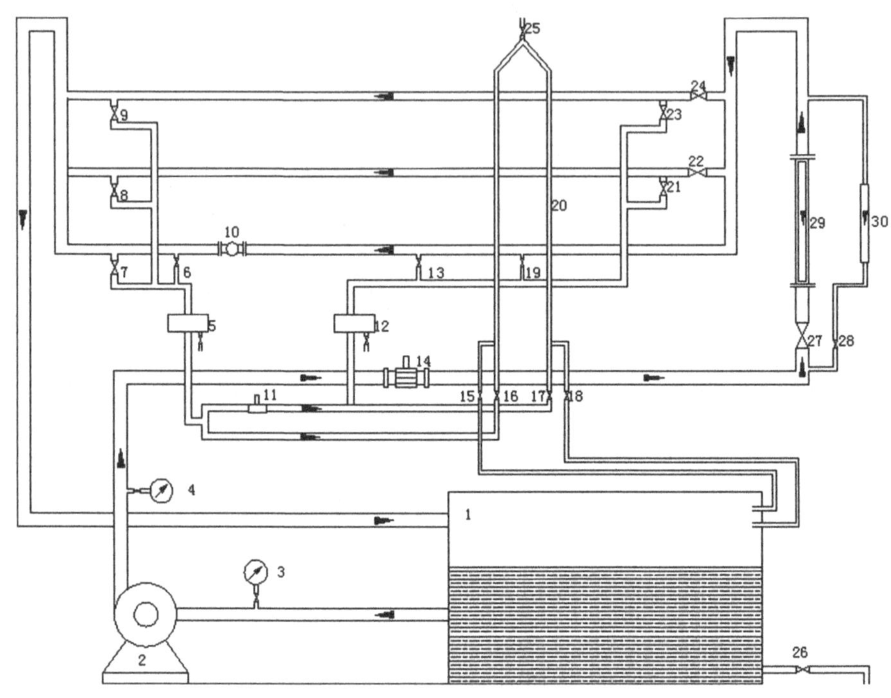

图 3-4-3　流体阻力测定实验流程图

1—水箱；2—水泵；3—入口真空表；4—出口压力表；5—缓冲罐；
6—左近端阀；7—左远端阀；8—粗糙管左测压阀；9—光滑管左测压阀；
10—局部阻力阀；11—差压式压力计；12—缓冲罐；13—右近端阀；
14—涡轮流量计；15—倒置 U 形管排水阀；16—倒置 U 形管平衡阀；
17—倒置 U 形管平衡阀；18—倒置 U 形管排水阀；19—右远端阀；
20—倒置 U 形管；21—粗糙管右测压阀；22—粗糙管阀；23—光滑管右测压阀；
24—光滑管阀；25—倒置 U 形管放空阀；26—水箱放水阀；27—大流量调节阀；
28—小流量调节阀；29—大转子流量计；30—小转子流量计

2. 实验设备主要技术参数(表 3-4-1)

表 3-4-1　流体阻力实验设备主要技术参数

序号	名称	规格	材料
1	转子流量计	LZB-25　100～1000(L/h)	玻璃
		VA10-15F　10～100(L/h)	

续表

序号	名称	规格	材料
2	压差传感器	型号 LXWY　测量范围 0～200 kPa	不锈钢
3	离心泵	型号 WB70/055	不锈钢
4	光滑管	管径 d—0.008(m) 管长 L—1.603(m)	不锈钢
5	粗糙管	管径 d—0.010(m) 管长 L—1.603(m)	不锈钢

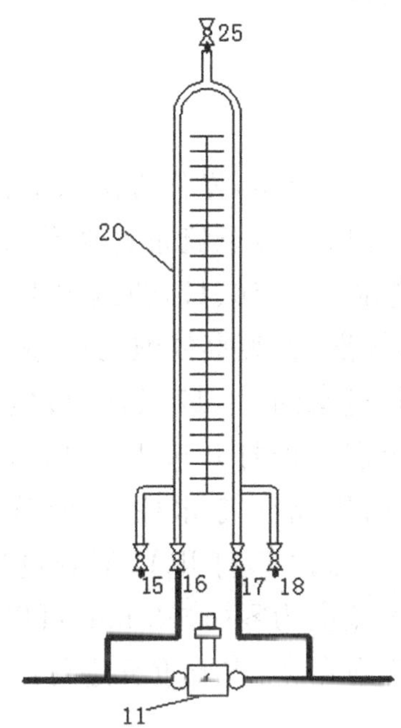

图 3-4-4　倒置 U 形管导压图

11—差压式压力计；15—倒置 U 形管排水阀；
16—倒置 U 形管进水阀；17—倒置 U 形管进水阀；
18—倒置 U 形管排水阀；20—倒置 U 形管压差计；
25—倒置 U 形管放空阀

四、实验方法及步骤

1. 流量的测量

本次实验用到的两个流量计，量程分别为 100～1000(L/h)

和 10～100(L/h)的玻璃转子流量计，分别用于测量大流量和小流量的数据。

2. 压力的测量

本次实验会用到两种类型压力计，分别为倒置 U 形管压差计和差压变送器并联连接，小流量测量时读取 U 形管压差，大流量测量时读取压差传感器。

3. 倒置 U 形管导压

导压系统如图 3-4-4 所示，操作方法如下：

启动离心泵后，开启大转子流量计调节阀 27，调节流量到最大，打开 U 形管的进水阀门 16、17，使倒置 U 形管内液体充分流动，以赶出管路内的气泡；若观察气泡已赶净，将大转子流量计调节阀 27 关闭，U 形管进水阀 16、17 关闭，慢慢旋开倒置 U 形管上部的放空阀 25 后，分别缓慢打开排水阀 15、18，使液柱降至中点上下时马上关闭，管内形成空气-水柱，此时管内液柱高度差不一定为零。然后关闭放空阀 25，打开 U 形管进出水阀 16、17，此时 U 形管两液柱的高度差应为零(1～2 mm 可以忽略)，如相差较大则表明管路中仍有气泡存在，需要重复进行赶气泡操作。

4. 光滑管操作步骤

(1)实验装置的检查

①检查水箱水位，2/3 处为佳；

②检查离心泵泵后调节阀 27、28 处于关闭状态；

③数据采集系统连接正常。

(2)导压系统排查

①打开光滑管管路阀 24；

②打开光滑管两端测压阀 9、23；

③启动泵；

④缓慢调节流量调节阀 27 至最大，使管道内的水充分流动；

⑤导压系统气泡排查。

(3)大流量数据采集

①缓慢打开调节阀 27 至 1000 L/h 稳定；

②观测压强差稳定；

③采集数据并记录压强差 ΔP_f、温度 t、流量 Q、管径 d、管长 l；

④从大流量数据依次调节、测量至 120 L/h；

⑤关闭流量调节阀 27。

(4)小流量数据采集

①打开 U 形压差计进水阀 16、17，记录水位差；

②调节阀门 28 流量至 100 L/h，待稳定，读取水位差；

③采集数据，记录 U 形管左端水位 $h_{左}$、U 形管右端水位 $h_{右}$、流量 Q；

④依次从大流量到小流量采集 4～6 组数据。

(5)结束光滑管测量

关闭阀 28、16、7、23、9。

5. 粗糙管操作步骤

(1)导压系统排查

①打开粗糙管管路阀 22；

②打开粗糙管两端测压阀 8、21；

③缓慢调节流量调节阀 27 至最大，使管道内的水充分流动；

④导压系统气泡排查。

(2)大流量数据采集

(同光滑管大流量数据采集方法)

(3)小流量数据采集

(同光滑管小流量数据采集方法)

(4)结束粗糙管测量

关闭阀 28、16、7、21、8。

6. 局部实验操作步骤

①将局部阻力阀 10 开到某一开度；

②调节流量调节阀 27 至某一流量；

③远端点间压差测量：同时打开远端点阀 7、19，并保持近端点阀 6、13 关闭；

④近端点间压差测量：同时打开近端点阀 6、13，并保持远端点阀 7、19 关闭；

⑤保持局部阻力阀 10 开度不变，调节不同流量，测 3～5 组数据；

⑥局部阻力实验结束，还原设备。

7. 实验岗位分工

为了确保实验有序地进行，以及数据的及时准确记录，并且锻炼学生操作的岗位安全责任意识，对各操作环节进行分工；随后可以进行轮岗，确保学生对实验过程的全面掌握，岗位分工见表 3-4-2，岗位中数字同流程图中数字编号。

表 3-4-2　流体阻力测定实验岗位分工

人员编号	岗位	职责
1	2,27,28,29,30	保证泵的正常运行及流量的准确调节
2	9,24,23,8,21,22,7,6,13,19,15,16,17,18	确保测压点的正确连通，U 形压差计的正确操作及准确读数
3	数据采集	确保数据采集系统的正常工作，观测流量及压力值，确保数据的准确采集
4	数据记录	及时准确记录 d、l、Δp、Q、$h_{左}$、$h_{右}$、t

五、实验数据记录与数据处理

记录表如表 3-4-3 至表 3-4-7 所示。

表 3-4-3　光滑直管摩擦阻力系数及 *Re* 原始数据记录表

t:______(℃)　d:______(m)　l:______(m)

序号	流量 Q(L/h)	压差值 Δp(kPa)	U 形管左端水位 $h_{左}$(mm)	U 形管右端水位 $h_{右}$(mm)	U 形管两端水位差 Δh(mm)
1	1000				
2	900				
3	800				
4	700				
5	600				
6	500				
7	400				
8	300				
9	200				
10	180				
11	160				
12	140				
13	120				
14	100				
15	80				
16	60				
17	40				
18	20				

表 3-4-4　粗糙直管摩擦阻力系数及 *Re* 原始数据记录表

t:______(℃)　d:______(m)　l:______(m)

序号	流量 Q(L/h)	压差值 Δp(kPa)	U 形管左端水位 $h_{左}$(mm)	U 形管右端水位 $h_{右}$(mm)	U 形管两端水位差 Δh(mm)
1	1000				
2	900				
3	800				
4	700				
5	600				
6	500				
7	400				
8	300				
9	200				
10	180				
11	160				
12	140				
13	120				
14	100				
15	80				
16	60				
17	40				
18	20				

表 3-4-5　局部阻力系数测定的数据记录与汇总表

水温 t:______(℃)　管径 d:______(m)　阀门开度:______

序号	流量 Q(L/h)	远端点压差 $Pa\text{-}Pa'$(kPa)	近端点压差 $Pb\text{-}Pb'$(kPa)	局部压力降 ΔP_f(kPa)	局部摩擦阻力系数 ζ
1	1000				

续表

序号	流量 Q(L/h)	远端点压差 $Pa\text{-}Pa'$(kPa)	近端点压差 $Pb\text{-}Pb'$(kPa)	局部压力降 ΔP_f(kPa)	局部摩擦阻力系数 ζ
2	800				
3	700				

表 3-4-6　光滑直管摩擦阻力系数及 *Re* 结果汇总表

黏度 μ:______(N·s/m^2)　密度 ρ:______(kg/m^3)

序号	流量 Q(L/h)	压差值 Δp(kPa)	流速 u(m/s)	雷诺数 Re	摩擦阻力系数 λ
1	1000				
2	900				
3	800				
4	700				
5	600				
6	500				
7	400				
8	300				
9	200				
10	180				
11	160				
12	140				
13	120				
14	100				
15	80				
16	60				
17	40				
18	20				

表 3-4-7　粗糙直管摩擦阻力系数及 *Re* 结果汇总表

黏度 μ:______(N·s/m²)　密度 ρ:______(kg/m³)

序号	流量 Q(L/h)	压差值 Δp(kPa)	流速 u(m/s)	雷诺数 Re	摩擦阻力系数 λ
1	1000				
2	900				
3	800				
4	700				
5	600				
6	500				
7	400				
8	300				
9	200				
10	180				
11	160				
12	140				
13	120				
14	100				
15	80				
16	60				
17	40				
18	20				

六、注意事项

1. 仔细阅读数字仪表操作方法说明书，待熟悉其性能和使用方法后再进行使用。

2. 启动离心泵之前以及从光滑管阻力测量过渡到其他测量之前，都必须检查所量调节阀是否关闭。

3. 实验开始前以及各个试验项目切换前要检查倒置 U 形管两

端水位是否相等，若不相等应记录下差值，在计算时要考虑进去。

4. 在大流量测量时，应保证小流量计阀门全关，并且切断倒置 U 形玻璃管的阀，读取差压变送器的读数。

5. 在小流量测量时，差压变送器的读数已失效，应读取倒置 U 形管两端水位差。

6. 在实验过程中每调节一个流量之后应待流量和直管压降的数据稳定以后方可采集数据。

7. 在做局部阻力实验时，测量不同流量下的数据，保持阀门开度保持一致，数据具有可比性。

8. 若较长时间未使用该装置，启动离心泵时应先盘轴转动以免烧坏电机。

9. 该装置电路采用五线三相制配电，实验设备应良好接地。

10. 启动离心泵前，必须关闭流量调节阀，关闭压力表和真空表的开关，以免损量仪表。

11. 实验用水要用清洁的蒸馏水，以免影响涡轮流量计运行和寿命。

七、思考题

1. 测取压强降 ΔP_f 的方式有哪些？

2. 通过流量的调节，如何求得流速 u？

3. 流体的密度 ρ 和黏度 μ 如何获取？

4. 雷诺数的物理含义是？

5. 伯努利方程是什么？

6. 怎样排除管路系统中的空气？如何检验系统内的空气已经被排除干净？

7. 你在本实验中掌握了哪些测试流量、压强的方法？它们各有什么特点？

8. 开启阀门要逆时针旋转、关闭阀门要顺时针旋转，为什么工厂操作会形成这种习惯？

9. 本实验用水为工作介质做出的 $\lambda \sim Re$ 曲线，对其他流体能否使用？为什么？

10. 影响流动型态的因素有哪些？用 Re 判断流动型态的意义何在？

实验五　离心泵特性曲线的测定

一、实验目的

1. 熟悉离心泵的结构及操作方法。

2. 掌握离心泵特性曲线和管路特性曲线的测定方法、表示方法。

3. 加深对离心泵性能的了解。

二、实验原理

离心泵截面如图 3-5-1 所示。

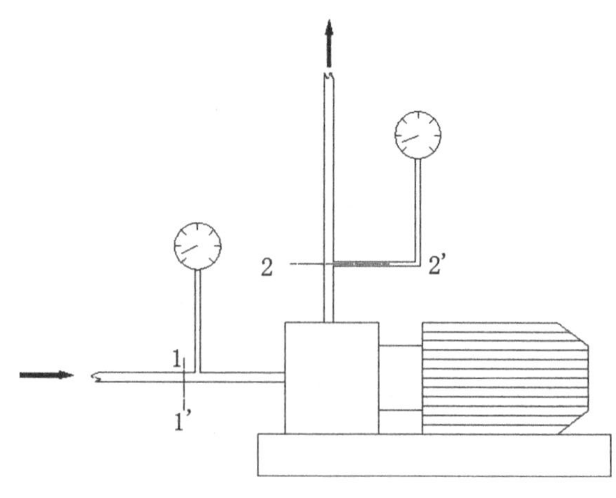

图 3-5-1　离心泵截面选取示意图

1—1′截面表示泵入口截面；2—2′截面表示泵出口截面

1. 扬程 H 的测定

在离心泵出入口分别选取截面，列伯努利方程。

$$Z_{入}+\frac{P_{入}}{\rho g}+\frac{u_{入}^2}{2g}+H=Z_{出}+\frac{P_{出}}{\rho g}+\frac{u_{出}^2}{2g}+H_{f入-出} \quad (3\text{-}5\text{-}1)$$

$$H=(Z_{出}-Z_{入})+\frac{P_{出}-P_{入}}{\rho g}+\frac{u_{出}^2-u_{入}^2}{2g}+H_{f入-出} \quad (3\text{-}5\text{-}2)$$

上式中 $H_{f入-出}$ 是泵的吸入口和压出口之间管路内的流体流动阻力，与伯努利方程中其他项比较，$H_{f入-出}$ 值很小，故可忽略。于是上式变为：

$$H=(Z_{出}-Z_{入})+\frac{P_{出}-P_{入}}{\rho g}+\frac{u_{出}^2-u_{入}^2}{2g} \quad (3\text{-}5\text{-}3)$$

$$u=\frac{Q}{A}$$

$$=\frac{Q\pi d^2}{4} \quad (3\text{-}5\text{-}4)$$

将测得的 $(Z_{出}-Z_{入})$ 和泵入口压力值、泵出口压力值以及计算所得的 $u_{入}$，$u_{出}$ 代入上式，即可求得 H。

若实验装置泵出入口管径相等，即为 $u_{出}=u_{入}$，则有

$$H=(Z_{出}-Z_{入})+\frac{P_{出}-P_{入}}{\rho g} \quad (3\text{-}5\text{-}5)$$

式中，$P_{入}$ 为泵的入口压力，Pa；$P_{出}$ 为泵的出口压力，Pa；$Z_{出}-Z_{入}$ 为出入口压力表高度差，m。

2. 轴功率 N 的测定

功率表测得的功率为电动机的输入功率。由于泵由电动机直接带动，传动效率可视为 1，所以电动机的输出功率等于泵的轴功率。即：

泵的轴功率 N＝电动机的输出功率，kW；

电动机输出功率＝电动机输入功率×电动机效率；

泵的轴功率＝功率表读数×电动机效率，kW。

3. 功率 η 测定

$$\eta = \frac{Ne}{N} \tag{3-5-6}$$

$$Ne = \frac{HQ\rho g}{1000}$$

$$= \frac{HQ\rho}{102}\ (\mathrm{kW}) \tag{3-5-7}$$

式中，η 为泵的效率；N 为泵的轴功率，kW；Ne 为泵的有效功率，kW；H 为泵的扬程，m；Q 为泵的流量，m^3/s；ρ 为水的密度，kg/m^3。

4. 管路特性曲线的测定

当离心泵安装在特定的管路系统中工作时，实际的工作压头和流量不仅与离心泵本身的性能有关，还与管路特性有关，也就是说，在液体输送过程中，泵和管路二者是相互制约的。

管路特性曲线是指流体流经管路系统的流量与所需压头之间的关系。若将泵的特性曲线与管路特性曲线绘制在同一坐标图上，两曲线交点即为泵在该管路的工作点。因此，通过改变阀门开度来改变管路特性曲线，如同求解泵的特性曲线一样，可通过改变泵转速来改变泵的特性曲线，从而得出管路特性曲线。泵的压头 He 计算同上。

三、实验装置

1. 实验装置流程示意图

离心泵特性曲线及管路特性曲线测定实验流程示意图如图 3-5-2。

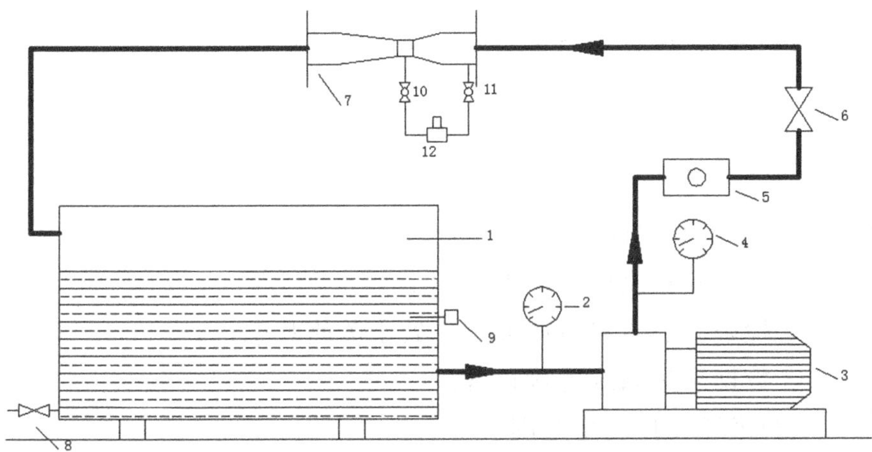

图 3-5-2 离心泵特性曲线及管路特性曲线测定实验流程示意图

1—水箱;2—泵前真空表;3—离心泵;4—泵后压力表;5—涡轮流量计;
6—流量调节阀;7—文丘里管;8—水箱排水阀;9—温度传感器;
10—文丘里端阀;11—文丘里端阀;12—压力传感器

2. 实验设备主要技术参数(表 3-5-1)

表 3-5-1 离心泵特性曲线及管路特性曲线测定实验设备主要技术参数

序号	名称	规格	材料
1	离心泵	型号 WB70/055	不锈钢
2	实验管路	管径 0.043 m	不锈钢
3	真空表	测量范围 0.1～0 MPa,精度 1.5 级,真空表测压位置管内径 d_1=0.028 m	不锈钢
4	压力表	测量范围 0～0.25 MPa,精度 1.5 级,压强表测压位置管内径 d_2=0.042 m	不锈钢
5	涡轮流量计	型号 LWY-40 测量范围 0～20 m^3/h	不锈钢
6	变频器	型号 N2-401-H 规格:(0～50) Hz	不锈钢

四、实验方法及步骤

1. 离心泵特性曲线测定操作步骤

(1)实验装置的检查

①检查水箱水位,2/3 处为佳;

②检查离心泵泵后调节阀 6 处于关闭状态;

③数据采集系统连接正常。

(2)确定流量测量范围

①启动离心泵;

②打开真空表 2、压力表 4;

③缓慢打开流量调节阀 6 至全开,确定系统稳定,确保系统无气体即可,读取最大流量。

(3)数据采集

①调节流量调节阀 6 至某流量;

②待数据稳定后读数,记录流量 Q、真空表 $P_{入}$、压力表 $P_{出}$、功率表读数 N、水温 t、管路入口直径 $d_{入}$、管路出口直径 $d_{出}$;

③在最大流量和最小流量间,测取 10～15 组数据即可。

(4)实验结束

①关闭流量调节阀 6;

②关闭离心泵;

③关闭电源。

2. 离心泵特性曲线测定岗位分工

为了确保实验有序地进行,以及数据的及时准确记录,并且锻炼学生操作的岗位安全责任意识,对各操作环节进行分工;随后可以进行轮岗,确保学生对实验过程的全面掌握,岗位分工见表 3-5-2,岗位中数字同流程图中数字编号。

表 3-5-2 离心泵性能曲线测定岗位分工

人员编号	岗位	职责
1	3,6	保证泵的正常运行及流量的准确调节
2	2,4	压力表真空表的正确使用及数据的准确读取
3	数据采集	确保数据采集系统正常运行,确保数据采集无误
4	数据记录	及时准确记录 $Z_{出}-Z_{入}$,t,$P_{入}$,$P_{出}$,N_e

3. 管路特性的测定操作步骤

(1)实验装置的检查

(同离心泵特性曲线测定方法)

(2)调节至某一流量

① 启动离心泵;

② 打开真空表2,压力表4;

③ 缓慢打开流量调节阀6到某一开度。

(3)数据采集

①改变电机频率大小;

②读取涡轮流量计流量Q、真空表$P_{入}$、压力表$P_{出}$、功率表读数N、水温t并记录;

③测取10组数据。

(4)实验结束

①关闭流量调节阀6;

②关闭离心泵;

③关闭电源。

4. 管路特性的测定岗位分工(表3-5-3)

表 3-5-3 管路特性曲线实验岗位分工

人员编号	岗位	职责
1	2,6	保证泵的正常运行及流量及电机频率的准确调节

续表

人员编号	岗位	职责
2	数据采集	确保数据采集系统正常运行，确保数据准确采集
3	数据记录	及时准确记录

五、实验数据记录与数据处理

记录表如表 3-5-4 至表 3-5-7 所示。

表 3-5-4　离心泵特性曲线原始数据记录表

t=______(℃)　$d_入$=______(mm)　$d_出$=______(mm)　$z_出-z_入$=______(mm)

序号	流量 $Q(m^3/h)$	真空表 $P_入$(MPa)	压力表 $P_出$(MPa)	功率表读数 N(kW)
1				
2				
3				
4				
5				
6				
7				
8				
9				
10				

表 3-5-5　离心泵特性曲线实验数据汇总表

t=______(℃)　$d_入$=______(mm)　$d_出$=______(mm)　$z_出-z_入$=______(mm)

序号	流量 $Q(m^3/h)$	泵的轴功率 N(W)	扬程 H(m)	泵的效率 η(W)
1				
2				
3				

续表

序号	流量 $Q(m^3/h)$	泵的轴功率 N(W)	扬程 H(m)	泵的效率 η(W)
4				
5				
6				
7				
8				
9				
10				

表 3-5-6　管路特性曲线原始数据记录及结果汇总表

t=______(℃)　$d_入$=______(mm)　$d_出$=______(mm)　$z_出-z_入$=______(mm)

序号	流量 $Q(m^3/h)$	扬程 H(m)	真空表 $P_入$(MPa)	压力表 $P_出$(MPa)
1				
2				
3				
4				
5				
6				
7				
8				
9				
10				

表 3-5-7　管路特性曲线结果汇总表

$z_出-z_入$=______(mm)　t=______(℃)　$d_出$=______(mm)　$d_入$=______(mm)

序号	流量 $Q(m^3/h)$	扬程 H(m)
1		

续表

序号	流量 $Q(m^3/h)$	扬程 $H(m)$
2		
3		
4		
5		
6		
7		
8		
9		
10		

六、注意事项

1. 仔细阅读数字仪表操作方法说明书，待熟悉其性能和使用方法后再进行使用操作。

2. 启动离心泵之前要确保泵后阀门是关闭状态。

3. 实验前，先熟悉压力表的特征，以确保实验过程压力值的准确读取。

4. 在实验过程中每调节一个流量之后应待流量数据稳定以后方可记录数据。

5. 选取测量的流量点，应尽可能在最大流量与最小流量间平均选取，避免数据选取不全，不能正确表达离心泵的特性曲线。

6. 启动离心泵前，必须关闭流量调节阀，关闭压力表和真空表的开关，以免损坏测量仪表。

7. 实验用水要用清洁的蒸馏水，以免影响涡轮流量计运行和寿命。

七、思考题

1. 泵的作用是什么？它有哪些类型？

2. 启动离心泵前，要先做什么工作？为什么？

3. 启动离心泵时，应保证出口阀门处于什么状态？为什么？

4. 停泵时，应注意哪些方面？

5. 离心泵的特性曲线指什么？

6. 离心泵特性曲线测定过程中 $Q=0$ 点不可丢，为什么？

7. 离心泵的特性曲线是否与连接的管路系统有关？

8. 离心泵铭牌上标的参数是什么条件下的参数？在一定转速下测定离心泵的性能参数及特性曲线有何实际意义？为什么要在转速一定的条件下测量？

9. 泵的效率为什么达到最高值后又下降？

10. 简述气缚现象和气蚀现象的区别。

实验六　流量测定与流量计校核

一、实验目的

1. 练习并掌握节流式流量计流量系数 C_0 的确定方法。

2. 能够根据实验结果分析流量系数 C_0 随雷诺数 Re 的变化规律。

二、实验原理

流量计性能的测定。

流体通过节流式流量计时在上、下游两取压口之间产生压强差，它与流量的关系为：

$$q_V = C_0 A_0 \sqrt{\frac{2(P_{上} - P_{下})}{\rho}} \tag{3-6-1}$$

式中，q_V 为被测流体(水)的体积流量，m^3/s；C_0 为流量系数，无因次；A_0 为流量计节流孔截面积，m^2；$P_{上} - P_{下}$ 为流量计上、下游两取压口之间的压强差，Pa；ρ 为被测流体(水)的密度，kg/m^3。

用涡轮流量计作为标准流量计来测量流量 q_V，每一个流量在压差计上都有一对应的读数，将压差计读数 ΔP 和流量 q_V 绘制成一条曲线，即流量标定曲线。同时利用上式整理数据可进一步得到 $C_0 - Re$ 关系曲线。

三、实验装置的基本情况

1. 实验装置流程示意图(图 3-6-1)

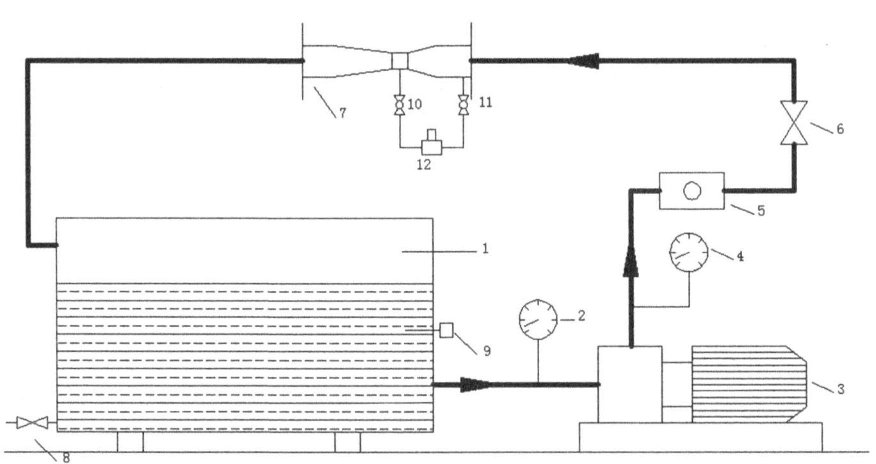

图 3-6-1 流量计校核实验流程示意图

1—水箱；2—泵前真空表；3—离心泵；4—泵后压力表；5—涡轮流量计；6—流量调节阀；7—文丘里管；8—水箱排水阀；9—温度传感器；10，11—文丘里端阀；12—压力传感器

2. 实验设备主要技术参数(表 3-6-1)

表 3-6-1　实验设备主要技术参数

序号	名称	规格	材料
1	压差传感器	型号 LXWY　测量范围 0～200 kPa	不锈钢
2	离心泵	型号 WB70/055	不锈钢
3	孔板流量计	喉径 0.020 m	不锈钢
4	实验管路	管径 0.043 m	不锈钢
5	真空表	测量范围－0.1～0 MPa,精度 1.5 级,真空表测压位置管内径 d_1＝0.042 m	不锈钢
6	压力表	测量范围 0～0.25 MPa,精度 1.5 级,压强表测压位置管内径 d_2＝0.042 m	不锈钢
7	涡轮流量计	型号 LWY-40 测量范围 0～20 m^3/h	不锈钢
8	变频器	型号 E310-401-H3　规格:(0～50) Hz	不锈钢

四、实验方法及步骤

1. 实验操作步骤

(1)实验装置检查

①检查水箱水位,2/3 处为佳;

②检查离心泵泵后调节阀 6 处于关闭状态。

(2)畅通测试管道

①启动离心泵;

②缓慢打开流量调节阀 6 至全开,确定系统稳定,确保系统无气体即可,读取最大流量;

③打开真空表 2、压力表 4。

(3)数据采集

①调节阀门 6,改变流量从小到大采集;

②稳定后记录涡轮流量计流量 Q,文丘里流量计的压差 ΔP、水温 t;

③测取 5～8 组数据。

(4)实验结束

①关闭流量调节阀 6;

②关闭离心泵;

③关闭电源。

2.实验操作岗位分工

为了确保实验有序地进行,以及数据的及时准确记录,并且锻炼学生操作的岗位安全责任意识,对各操作环节进行分工;随后可以进行轮岗,确保学生对实验过程的全面掌握,岗位分工见表 3-6-2,岗位中数字同流程图中数字编号。

表 3-6-2　流量计性能校核实验岗位分工

人员编号	岗位	职责
1	2,6	保证泵的正常运行及流量的准确调节
2	数据采集	确保数据采集系统正常运行观测水温,涡轮流量计流量,流量计压差
3	数据记录	及时准确记录 Q、ΔP、t

五、实验数据记录与数据处理

记录表如表 3-6-3 和表 3-6-4 所示。

表 3-6-3　流量测定与流量计校核实验原始数据记录表

水温 t:______(℃)　管径 d:______(m)

序号	流量 Q(m^3/h)	孔板压差 ΔP(kPa)	雷诺数 Re
1			
2			

续表

序号	流量 $Q(m^3/h)$	孔板压差 $\Delta P(kPa)$	雷诺数 Re
3			
4			
5			
6			
7			
8			

表 3-6-4　流量测定与流量计校核实验数据汇总表

黏度 μ: ______($N \cdot s/m^2$)　密度 ρ: ______(kg/m^3)

序号	流量 $Q(m^3/h)$	流速 $u(m/s)$	流量系数 C_0	雷诺数 Re
1				
2				
3				
4				
5				
6				
7				
8				

六、注意事项

1. 仔细阅读数字仪表操作方法说明书，待熟悉其性能和使用方法后再进行使用操作。

2. 启动离心泵之前要确保泵后阀门是关闭状态。

3. 实验前，先熟悉压力表的特征，以确保实验过程压力值的准确读取。

4. 在实验过程中每调节一个流量之后应待流量数据稳定以

后方可记录数据。

5. 选取测量的流量点，应尽可能在最大流量与最小流量间平均选取，避免数据选取不全，不能正确表达离心泵的特性曲线。

6. 启动离心泵前，必须关闭流量调节阀，关闭压力表和真空表的开关，以免损坏测量仪表。

7. 实验用水要用清洁的蒸馏水，以免影响涡轮流量计运行和寿命。

七、思考题

1. 流量是指什么？可以分为哪几种？它们之间的关系？

2. 常用的节流式流量计有哪几种？

3. 体积流量 q_v 和压差 ΔP 如何测量？

4. 实验结果需要作哪些曲线？其横纵坐标分别是什么？

5. 启动离心泵之前都必须做什么检查工作？

6. 实验结束后，流量调节阀应处于什么状态后才停泵，最后关闭总电源？

7. 流量系数的物理意义是什么？为什么各种流量计的流量系数各不相同？

8. 为什么要进行流量计校核？

9. 文丘里管流量计的原理是什么？为什么要用压差计与之配合使用？

实验七　恒压过滤常数测定实验

一、实验目的

1. 熟悉板框压滤机的构造和操作方法。

2. 通过恒压过滤实验，验证过滤基本原理。

3. 学会测定过滤常数 K、q_e、τ_e 的方法。

4. 了解操作压力对过滤速率的影响。

二、实验原理

过滤是以某种多孔物质作为介质来处理悬浮液的操作。在外力作用下，悬浮液中的液体通过介质的孔道，而固体颗粒被截留下来，从而实现固液分离。过滤操作中，随着过滤过程的进行，固体颗粒层的厚度不断增加，故在恒压过滤操作中，过滤速率不断降低。影响过滤速率的主要因素除压强差、滤饼厚度外，还有滤饼和悬浮液的性质、悬浮液温度、过滤介质的阻力等，在低雷诺数范围内，过滤速率一般表示为：

$$\frac{\mathrm{d}V}{\mathrm{d}\tau}=\frac{A^2\Delta P^{1-S}}{ur'v(V+V_e)} \tag{3-7-1}$$

式中，V 为 τ 时间内的滤液量($\mathrm{m^3}$)；A 为过滤面积($\mathrm{m^2}$)；V_e 为过滤介质的当量滤液体积($\mathrm{m^3}$)；ΔP 为过滤的压力降(Pa)；u 为滤液黏度(Pa・s)；v 为滤饼体积与相应滤液体积之比；r' 为单位压差下滤饼的比阻；s 为滤饼的压缩指数。

一般情况下，对于不可压缩的滤饼，$s=0$。

恒压过滤时，对 3-7-1 式积分得：

$$(q+q_e)^2=K(\tau+\tau_e) \tag{3-7-2}$$

其中，q 为单位过滤面积的滤液量$q=\dfrac{V}{A}$($\mathrm{m^3/m^2}$)；q_e 为单位过滤面积的所得当量滤液量($\mathrm{m^3/m^2}$)；K 为过滤常数 $K=2\dfrac{\Delta P^{1-S}}{\mu r' v}$($\mathrm{m^2/s}$)；$\tau$ 为过滤时间；τ_e 为当量过滤时间。

对 3-7-2 式积分可得：$\dfrac{\mathrm{d}\tau}{\mathrm{d}q}=\dfrac{2q}{K}+\dfrac{2q_e}{K}$ 用$\dfrac{\Delta\tau}{\Delta q}$代替$\dfrac{\mathrm{d}\tau}{\mathrm{d}q}$，斜率为$\dfrac{2}{K}$，截距为$\dfrac{2q_e}{K}$，得：

$$\frac{\Delta\tau}{\Delta q}=\frac{2q}{K}+\frac{2q_e}{K} \tag{3-7-3}$$

三、实验装置

如图 3-7-1 和图 3-7-2 所示。

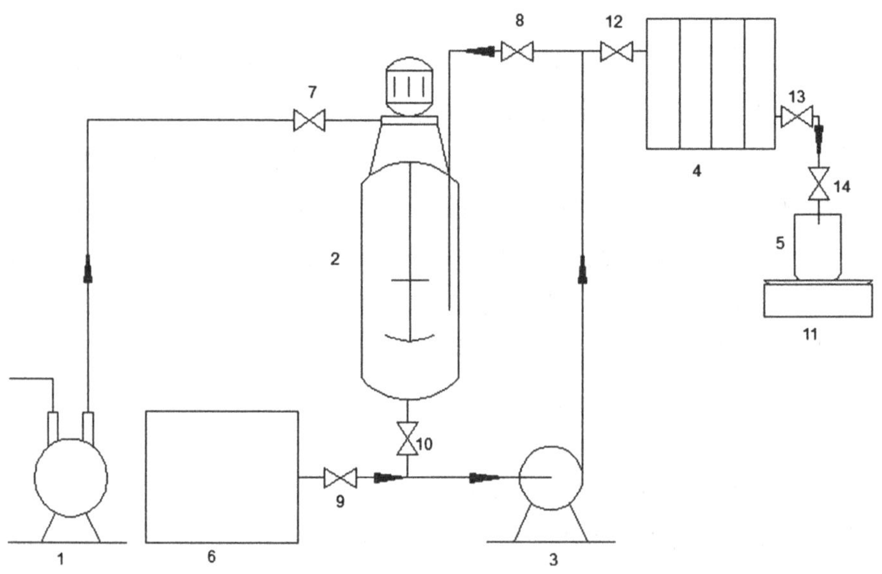

图 3-7-1 实验装置流程图

1—鼓风机；2—配料釜；3—配料泵；4—板框过滤机；5—烧杯；6—配料槽；7—压力控制阀；8—旁路阀；9—泵前阀；10—配料釜出料阀；11—天平；12—板框过滤机入口阀；13—板框过滤机出口阀；14—滤液控制阀

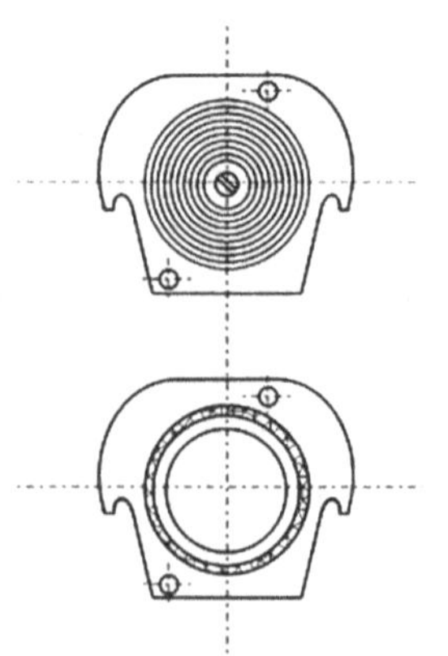

图 3-7-2 板框结构示意图

四、实验方法及步骤

1. 恒压过滤实验步骤

(1)清水实验

①向配料槽 6 中注满水；

②将滤机上的进、出口阀按需要打开或关闭，确定阀门 9、13、14 打开，阀门 10、8、12 为关闭；

③启动泵；

④打开泵后阀 12 的同时用秒表计时、烧杯接水，待第一烧杯接满水，迅速更换烧杯，并切换计时，记录已接满水的烧杯总重；

⑤依次进行，采集 6～8 组数据；

⑥采集结束，依次关闭泵后阀 12、停泵、关泵前阀 9 以及其他阀门。

(2)过滤实验

①配料：在配料槽 6 中配制含 $CaCO_3$ 5%～10%(质量分数)的水悬浮液，搅拌使之均匀；

②正确装好滤板、滤框及滤布。滤布使用前先用水浸湿。滤布要绑紧，不能起皱；

③依次打开泵前阀 9、启动泵、打开泵后阀 8，将配料槽中悬浮液输送到配料釜 2 中；

④输送结束，关闭泵后阀 8，打开阀门 13、14；

⑤打开泵后阀 12 的同时用秒表计时、烧杯接滤液，待第一烧杯接满，迅速更换烧杯，并切换计时，记录已接满滤液的烧杯总重；

⑥依次进行，采集 6～8 组数据；

⑦采集结束，依次关闭泵后阀 12、停泵、关泵前阀 9 以及其他阀门；

⑧清洗滤布、还原实验装置。

2. 实验操作岗位分工

为了确保实验有序地进行，以及数据的及时准确记录，并且锻炼学生操作的岗位安全责任意识，对各操作环节进行分工；随后可以进行轮岗，确保学生对实验过程的全面掌握，岗位分工见表 3-7-1 和表 3-7-2，岗位中数字同流程图中数字编号。

表 3-7-1　清水实验岗位分工表

人员编号	岗位	职责
1	9、13、14、10、8、12	确保阀门的正确开、关顺序
2	6、3	保证配料槽注满水后才能启动泵
3	4、5	控制滤机开关、更替接满水的烧杯
4	数据记录	秒表计时的同时记录满水烧杯重量

表 3-7-2　过滤实验岗位分工表

人员编号	岗位	职责
1	6、4、5	配悬浮液，装好滤板、滤框及滤布，更替满水烧杯
2	9、3、8	确保阀门的正确开、关顺序
3	13、14、12	确保泵的正确操作
4	数据采集	秒表计时的同时记录满水烧杯重量

五、实验数据记录与数据处理

记录表如表 3-7-3 至表 3-7-6 所示。

表 3-7-3　清水实验原始数据记录表

序号	滤压 P(kPa)	时间 $\Delta\tau$(s)	滤液质量 m(g)	温度 T(℃)
1				
2				
3				

续表

序号	滤压 P(kPa)	时间 $\Delta\tau$(s)	滤液质量 m(g)	温度 T(℃)
4				
4				
6				
7				
8				
9				
10				

表 3-7-4 悬浮液过滤实验原始数据记录表

序号	滤压 P(kPa)	时间 Δ(s)	滤液质量 m(g)	温度 T(℃)	釜压 P(kPa)
1					
2					
3					
4					
5					
6					
7					
8					

表 3-7-5 清水实验数据汇总表

序号	1	2	3	4	5	6	7	8
时间 $\Delta\tau$(s)								
质量 m(g)								
温度 T(℃)								

续表

序号	1	2	3	4	5	6	7	8
密度 ρ(kg/m^3)								
体积 V(m^3)								
Δq(m^3/m^2)								
q(m^3/m^2)								
$\frac{\Delta q}{\Delta \tau}$ (s/m)								

表 3-7-6　悬浮液过滤实验数据汇总表

序号	1	2	3	4	5	6	7	8
时间 $\Delta\tau$(s)								
质量 m(g)								
温度 T(℃)								
密度 ρ(kg/m^3)								
体积 V(m^3)								
Δq (m^3/m^2)								
q(m^3/m^2)								
$\frac{\Delta q}{\Delta \tau}$ (s/m)								

六、注意事项

1. 实验前，将滤布清洗干净、铺平、孔要对正。

2. 开启电源前，关闭所有手动阀门。

3. 在安装过滤漏斗时，应让过滤介质平行于液面，防止被空气抽干，造成滤饼厚度不均。

4. 用放空阀调节系统内的压力，控制系统内的真空度恒定，以保证恒压状态下进行。

七、思考题

1. 当操作压强增加一倍，K 值是否也增加一倍？要得到同样的过滤液，过滤时间是否缩短一半？

2. 为什么过滤开始时，滤液常常有点混浊，过段时间后才变清？

实验八　搅拌器功率曲线测定实验

一、实验目的

1. 掌握搅拌的测定方法。

2. 了解影响流动场和输入能量的主要因素及其关联方法。

3. 观察搅拌桨在不同流体中的流型特点。

二、实验原理

搅拌操作是重要的化工单元操作之一，它常用于互溶液体的混合、不互溶液体的分散和接触、气液接触、固体颗粒在液体中的悬浮、强化传热及化学反应等过程，搅拌聚合釜是高分子化工生产的核心设备。

搅拌过程中流体的混合要消耗能量，即通过搅拌器把能量输入到被搅拌的流体中去。因此搅拌釜内单位体积流体的能耗成为判断搅拌过程好坏的依据之一。

由于搅拌釜内液体运动状态十分复杂，搅拌功率目前尚不能由理论得出，只能通过实验获得它与多变量之间的关系，以此作为搅拌器设计放大过程中确定搅拌功率的依据。

液体搅拌功率消耗可表达为下列诸变量的函数：

$$N = f(k, n, d, \rho, \mu, g, \cdots)$$

式中，N 为搅拌功率，W；K 为无量纲系数；n 为搅拌转数，r/s；d 为搅拌器直径，m；ρ 为流体密度，kg/m^3；μ 为流体黏度，Pa・s；g 为重力加速度，m/s^2。

由因次分析法可得下列无因次数群的关联式：

$$\frac{N}{\rho n^3 d^5} = K\left(\frac{d^2 n\rho}{\mu}\right)^x \left(\frac{n^2 d}{g}\right)^y \tag{3-8-1}$$

令 $\frac{N}{\rho n^3 d^5} = N_p$，$N_p$ 称为功率无量纲数

$\frac{d^2 n\rho}{\mu} = R_e$，$Re$ 称为搅拌雷诺数

$\frac{d^2 n}{g} = F_r$，F_r 称为搅拌佛鲁德数

则
$$N_p = KR_e^x F_r^y \tag{3-8-2}$$

令 $\phi = \frac{N_p}{F_r^y}$，ϕ 称为功率因数

则
$$\phi = KR_e^x \tag{3-8-3}$$

对于不打旋的系统重力影响极小，可忽略 F_r 的影响，即 $y=0$。

则
$$\phi = N_p = KR_e^x \tag{3-8-4}$$

因此，在对数坐标纸上可标绘出 N_p 与 Re 的关系。

搅拌功率计算方法：

$$N = I \times V - (I^2 \times R + Kn^{1.2}) \tag{3-8-5}$$

式中，I 为搅拌电机的电枢电流，A；V 为搅拌电机的电枢电压，V；R 为搅拌电机的内阻，28Ω；n 为搅拌电机的转数，r/s；K 为 0.1159。

三、实验装置

1. 实验装置流程示意图(图 3-8-1)

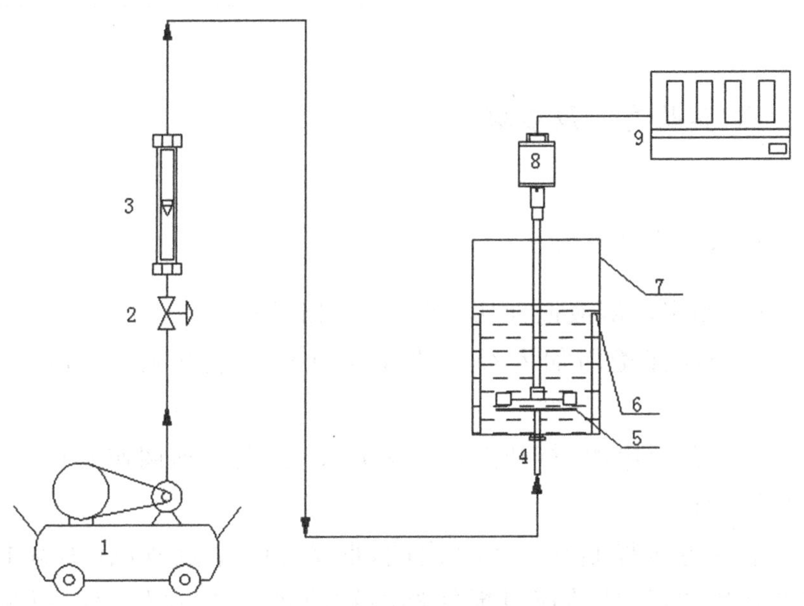

图 3-8-1　搅拌实验装置流程图

1—压缩机;2—流量调节阀;3—气体流量计;4—温度计;
5—气体分布器;6—挡板;7—搅拌槽;8—搅拌电机;9—电机调速器

2. 实验设备主要技术参数(表 3-8-1)

表 3-8-1　实验设备主要技术参数

序号	名称	规格
1	搅拌器	型号 90ZYT52
2	搅拌釜	内径 286 mm;高 560 mm;液高 400 mm
3	叶轮	叶轮直径:130 mm;叶轮形式:六叶涡轮型桨叶

续表

序号	名称	规格
4	直流电流表	型号 501B
5	数字温度计	型号 501B
6	数字转速表	型号 708H

四、实验方法及步骤

1. 实验操作步骤

(1)测定水溶液搅拌功率曲线(有挡板)

①向搅拌釜内加入纯净水至 400 mm,将可移动的挡板安装好;

②打开总电源,打开搅拌调速开关,慢慢转动调速旋钮,电机开始转动;

③在电压控制在 0～70 之间,取 7～10 个点测试(实验中适宜的转速选择:低转速时搅拌器的转动要均匀;高转速时以流体不出现旋涡为宜);

④实验中每调一个电压,待数据显示基本稳定后方可读数,同时注意观察流型及搅拌情况。每调节改变一个电压,记录以下数据:调速器的电压(V)、电流(A)、转速(r/min);

⑤实验结束时把调速降为“0”,方可关闭搅拌调速器,随后关闭总电源。

(2) 测定水溶液搅拌功率曲线(无挡板)

将搅拌釜内的挡板卸下,其余操作按照上述操作规程进行实验。

(3)测定气液搅拌功率曲线

以空气压缩机为供气系统,用气体流量计调节空气流量输入到搅拌槽内,应同时记录每一转速下的液面高度,其余操作同上。

2. 实验操作岗位分工

为了确保实验有序地进行，以及数据的及时准确记录，并且锻炼学生操作的岗位安全责任意识，对各操作环节进行分工；随后可以进行轮岗，确保学生对实验过程的全面掌握，岗位分工见表 3-8-2，岗位中数字同流程图中数字编号。

表 3-8-2　搅拌器功率曲线测定实验岗位分工

序号	岗位	职责
1	9	确保转速处于合理范围内
2	数据记录	及时记录调速器电压 V，电流 A，转速 r/min

五、实验数据记录与数据处理

记录表如表 3-8-3 至表 3-8-8 所示。

表 3-8-3　有挡板搅拌器功率曲线原始数据记录表

实验水温 $t=$______℃

序号	转速 n(r/min)	直流电流 I(A)	直流电压 U(V)
1			
2			
3			
4			
5			
6			

表 3-8-4　无挡板搅拌器功率曲线原始数据记录表

实验水温 $t=$______℃

序号	转速 n(r/min)	直流电流 I(A)	直流电压 U(V)
1			

续表

序号	转速 n(r/min)	直流电流 I(A)	直流电压 U(V)
2			
3			
4			
5			
6			

表 3-8-5　气液搅拌器功率曲线原始数据记录表

实验水温 t=______℃

序号	转速 n(r/min)	直流电流 I(A)	直流电压 U(V)
1			
2			
3			
4			
5			
6			

表 3-8-6　有挡板搅拌器功率曲线结果汇总表

密度 ρ=______kg/m　黏度 μ=______Pa·s

序号	搅拌功率 N(W)	搅拌雷诺数 Re	功率无量纲数 Np
1			
2			
3			
4			
5			
6			

表 3-8-7　无挡板搅拌器功率曲线结果汇总表

密度 ρ=______ kg/m　黏度 μ=______ Pa·s

序号	搅拌功率 N(W)	搅拌雷诺数 *Re*	功率无量纲数 *Np*
1			
2			
3			
4			
5			
6			

表 3-8-8　气液搅拌器功率曲线结果汇总表

密度 ρ=______ kg/m　黏度 μ=______ Pa·s

序号	搅拌功率 N(W)	搅拌雷诺数 *Re*	功率无量纲数 *Np*
1			
2			
3			
4			
5			
6			

六、注意事项

1. 电机调速一定要从“0”开始，调速过程要缓慢，否则易损坏电机。

2. 不得随便移动实验装置。

3. 可以应用不同的物料进行实验，用后将搅拌釜擦拭干净。

七、思考题

1. 搅拌功率受什么因素的影响?
2. 搅拌功率的曲线呈何种趋势?
3. 有无挡板对搅拌器功率曲线的影响在哪些方面?

实验九　传热系数测定实验

一、实验目的

1. 通过对空气-水蒸气简单套管换热器的实验研究,掌握对流传热系数 α_i 的测定方法,加深对其概念和影响因素的理解。

2. 通过对管程内部插有螺旋线圈的空气-水蒸气强化套管换热器的实验研究,掌握对流传热系数 α_i 的测定方法,加深对其概念和影响因素的理解。

3. 学会并应用线性回归分析方法,确定传热管关联式 $Nu=ARe^mPr^{0.4}$ 中常数 A、m 数值,强化管关联式 $Nu_0=BRe^mPr^{0.4}$ 中 B 和 m 数值。

4. 根据计算出的 Nu、Nu_0,求出强化比 Nu/Nu_0,比较强化传热的效果,加深理解强化传热的基本理论和基本方式。

二、实验原理

1. 对流传热系数 α_i 的测定

在工业生产过程中,大量情况下,冷、热流体系通过固体壁面进行热量交换,称为间壁式换热。间壁式传热过程由热流体对固体壁面的对流传热，固体壁面的热传导和固体壁面对冷流体的对流传热所组成。

对流传热系数 α_i 可以根据牛顿冷却定律，通过实验来测定。因为 $\alpha_i \ll \alpha_0$，所以传热管内的对流传热系数 $\alpha_i \approx K$，K（W/m^2 · ℃）为热冷流体间的总传热系数，且

$$K = Q_i/(\Delta t_m \times S_i)$$

所以：

$$\alpha_i = \frac{Q_i}{\Delta t_m \times S_i} \tag{3-9-1}$$

式中，α_i 为管内流体对流传热系数，W/(m^2 · ℃)；α_0 为固体壁面的热传导传热系数，W/(m^2 · ℃)；Q_i 为管内传热速率，W；S_i 为管内换热面积，m^2；Δt_m 为管内平均温度差，℃。

(1)平均温度差的计算

平均温度差由下式确定：

$$\Delta t_m = t_w - t_m \tag{3-9-2}$$

式中，t_m 为冷流体的入口、出口平均温度，℃；t_w 为壁面平均温度，℃。

(2)换热面积的计算

因为换热器内管为紫铜管，其导热系数很大，且管壁很薄，故认为内壁温度、外壁温度和壁面平均温度近似相等，用 t_w 来表示，由于管外使用蒸汽，所以 t_w 近似等于热流体的平均温度。

管内换热面积：

$$S_i = \pi d_i L_i \tag{3-9-3}$$

式中，d_i 为内管管内径，m；L_i 为传热管测量段的实际长度，m。

(3)传热速率 Q 的计算

由热量衡算式：

$$Q_i = W_i c_{pi}(t_{i2} - t_{i1}) \tag{3-9-4}$$

其中质量流量由下式求得：

$$W_i = \frac{V_i \rho_i}{3600} \tag{3-9-5}$$

式中，V_i 为冷流体在套管内的平均体积流量，m^3/h；c_{pi} 为冷流体

的定压比热，kJ/(kg·℃)；ρ_i 为冷流体的密度，kg/m³。

c_{pi} 和 ρ_i 可根据定性温度 t_m 查得，$t_m=\frac{t_{i1}+t_{i2}}{2}$ 为冷流体进出口平均温度。

t_{i1}，t_{i2}，t_w，V_i 可采取一定的测量手段得到。

2. 对流传热系数准数关联式的实验确定

流体在管内作强制湍流，被加热状态，准数关联式的形式为：

$$Nu_i=ARe_i^mPr_i^n. \tag{3-9-6}$$

其中

$$Nu_i=\frac{\alpha_i d_i}{\lambda_i},$$

$$Re_i=\frac{u_i d_i \rho_i}{\mu_i},$$

$$Pr_i=\frac{c_{pi}\mu_i}{\lambda_i}$$

物性数据 λ_i、c_{pi}、ρ_i、μ_i 可根据定性温度 t_m 查得。经过计算可知，对于管内被加热的空气，普兰特准数 Pr_i 变化不大，可以认为是常数，则关联式的形式简化为：

$$Nu_i=ARe_i^mPr_i^{0.4} \tag{3-9-7}$$

通过实验确定不同流量下的 Re_i 与 Nu_i，然后用线性回归方法确定 A 和 m 的值。

3. 强化套管换热器传热系数、准数关联式及强化比的测定

强化传热技术，可以使初设计的传热面积减小，从而减小换热器的体积和重量，提高现有换热器的换热能力，达到强化传热的目的。同时换热器能够在较低温差下工作，减少换热器工作阻力，以减少动力消耗，更合理有效地利用能源。强化传热的方法有多种，本实验装置采用了多种强化方式。

其中螺旋线圈的结构图如图 3-9-1 所示。

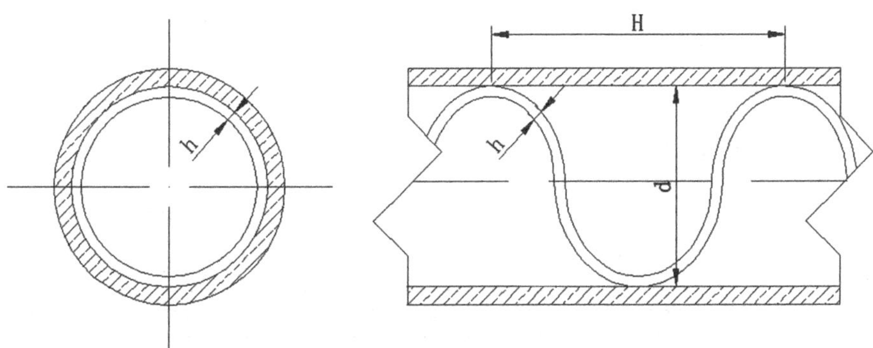

图 3-9-1　螺旋线圈强化管内部结构

螺旋线圈由直径 3 mm 以下的铜丝和钢丝按一定节距绕成。将金属螺旋线圈插入并固定在管内，即可构成一种强化传热管。在近壁区域，流体一面由于螺旋线圈的作用而发生旋转，一面还周期性地受到线圈的螺旋金属丝的扰动，因而可以使传热强化。由于绕制线圈的金属丝直径很细，流体旋流强度也较弱，所以阻力较小，有利于节省能源。螺旋线圈是以线圈节距 H 与管内径 d 的比值以及管壁粗糙度（$2d/h$）为主要技术参数，且长径比是影响传热效果和阻力系数的重要因素。

科学家通过实验研究总结了形式为 $Nu = ARe^m$ 的经验公式，其中 A 和 m 的值因强化方式不同而不同。在本实验中，确定不同流量下的 Re_i 与 Nu_i，用线性回归方法可确定 A 和 m 的值。

单纯研究强化手段的强化效果（不考虑阻力的影响），可以用强化比的概念作为评判准则，它的形式是：Nu/Nu_0，其中 Nu 是强化管的努塞尔准数，Nu_0 是普通管的努塞尔准数，显然，强化比 $Nu/Nu_0 > 1$，而且它的值越大，强化效果越好。需要说明的是，如果评判强化方式的真正效果和经济效益，则必须考虑阻力因素，阻力系数随着换热系数的增加而增加，从而导致换热性能的降低和能耗的增加，只有强化比较高，且阻力系数较小的强化方式，才是最佳的强化方法。

三、实验装置

1. 实验装置流程示意图(图 3-9-2)

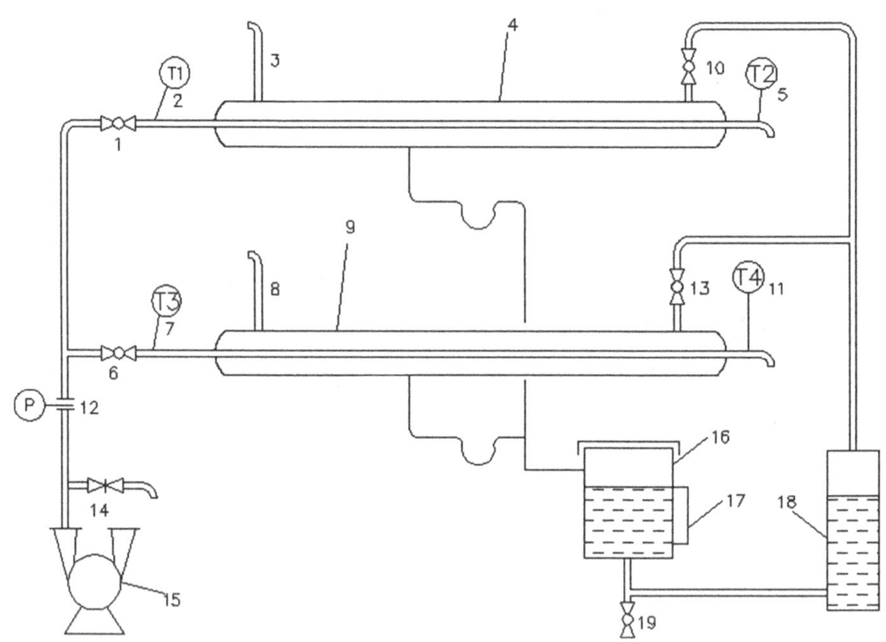

图 3-9-2 传热系数测定实验流程图

1—普通管空气进口调节阀;2—普通管空气进口温度;3—普通管蒸汽出口;4—普通套管换热器;5—普通管空气出口温度;6—强化管空气进口调节阀;7—强化管空气进口温度;8—强化套管蒸汽出口;9—内插有螺旋线圈的强化套管换热器;10—普通套管蒸汽进口阀;11—强化管空气出口温度;12—孔板流量计;13—强化套管蒸汽进口阀;14—空气旁路调节阀;15—旋涡气泵;16—储水罐;17—液位计;18—蒸汽发生器;19—排水阀

2. 实验设备主要技术参数(表 3-9-1)

表 3-9-1 实验装置结构参数

实验装置	规格
实验内管内径 d_i	20.00 mm

续表

<table>
<tr><th colspan="2">实验装置</th><th>规格</th></tr>
<tr><td colspan="2">实验内管外径 d_o</td><td>22.0 mm</td></tr>
<tr><td colspan="2">实验外管内径 D_i</td><td>50 mm</td></tr>
<tr><td colspan="2">实验外管外径 D_o</td><td>57.0 mm</td></tr>
<tr><td colspan="2">测量段(紫铜内管)长度 L</td><td>1.20 m</td></tr>
<tr><td rowspan="2">强化内管内插物(螺旋线圈)尺寸</td><td>丝径 h</td><td>1 mm</td></tr>
<tr><td>节距 H</td><td>40 mm</td></tr>
<tr><td colspan="2">孔板流量计孔流系数及孔径</td><td>$c_0=0.65$ m、$d_0=0.014$ m</td></tr>
<tr><td colspan="2">旋涡气泵</td><td>XGB-2 型</td></tr>
<tr><td rowspan="2">加热釜</td><td>操作电压</td><td>≤200 V</td></tr>
<tr><td>操作电流</td><td>≤10 A</td></tr>
</table>

四、实验方法

1. 传热膜系数测定实验步骤

(1)实验装置的检查

①向储水罐中加水至液位计上端处；

②检查空气流量旁路调节阀 14 是否全开，应全开；

③检查待测蒸气管、空气管支路各控制阀是否已打开，保证蒸汽和空气管线的畅通；

④接通电源总闸，设定加热电压，启动电加热器开关，开始加热。

(2)普通管实验

①确定普通管空气进口调节阀 1、普通套管蒸汽进口阀 10 为打开状态，强化关管支路控制阀 6、13 关闭；

②待普通管蒸汽出口3，有连续蒸汽，确定蒸汽量稳定，可启动风机；

③通过调节空气流量旁路调节阀14，调节空气流量，通过调小阀门14开度，增大空气流量，调好某一流量后，稳定3～5分钟，分别测量并记录空气的流量，空气进、出口的温度及壁面温度；

④改变流量测量下组数据，一般从小流量到最大流量之间，要测量5～6组数据。

(3)强化管实验

①先打开强化管空气进口调节阀6、普通套管蒸汽进口阀13，再关闭普通管支路阀门1、10；

②以下步骤同普通管测定步骤。

(4)实验结束

关闭加热电源、风机和总电源，一切复原。

2.传热膜系数测定实验岗位分工

为了确保实验有序地进行，以及数据的及时准确记录，并且锻炼学生操作的岗位安全责任意识，对各操作环节进行分工；随后可以进行轮岗，确保学生对实验过程的全面掌握，岗位分工见表3-9-2，岗位中数字同流程图中数字编号。

表3-9-2　传热膜系数测定实验岗位分工

人员编号	岗位	职责
1	1，10，6，13，14	保证风机的正常运行及流量的准确调节
2	数据采集	确保数据采集系统正常运行，确保数据采集无误
3	数据记录	及时准确记录空气的流量，空气进、出口的温度及壁面温度

五、实验数据记录与数据处理

记录表如表 3-9-3 至表 3-9-5 所示。

表 3-9-3　普通管换热实验测定原始数据记录表

管径 d:______(m)　管长 l:______(m)

序号	1	2	3	4	5	6
孔板流量计压差 ΔP(kPa)						
空气进口温度 T_1(℃)						
空气出口温度 T_2(℃)						
壁面温度 T_w(℃)						

表 3-9-4　强化管换热实验测定原始数据记录表

管径 d:______(m)　管长 l:______(m)

序号	1	2	3	4	5	6
孔板流量计压差 ΔP(kPa)						
空气进口温度 T_3(℃)						
空气出口温度 T_4(℃)						
壁面温度 T_w'(℃)						

表 3-9-5　普通管(强化管)换热实验测定结果汇总表

换热面积 S:______(m^2)

序号	1	2	3	4	5	6
管内平均温差 Δt_m(℃)						
孔板流量计流量 Vs(m^3/h)						
空气质量流量 W(kg/h)						
管内传热速率 Q(W)						
努塞尔准数 Nu						

续表

序号	1	2	3	4	5	6
普兰特常数 Pr						
雷诺数 Re						

六、注意事项

1. 检查蒸汽加热釜中的水位是否在正常范围内。特别是每个实验结束后，进行下一实验之前，如果发现水位过低，应及时补给水量。

2. 必须保证蒸汽上升管线的畅通。即在给蒸汽加热釜电压之前，两蒸汽支路阀门之一必须全开。在转换支路时，应先开启需要的支路阀，再关闭另一侧，且开启和关闭阀门必须缓慢，防止管线截断或蒸汽压力过大突然喷出。

3. 必须保证空气管线的畅通。即在接通风机电源之前，两个空气支路控制阀之一和旁路调节阀必须全开。在转换支路时，应先关闭风机电源，然后开启和关闭支路阀。

4. 调节流量后，应至少稳定 3～8 分钟后读取实验数据。

5. 实验中保持上升蒸汽量的稳定，不应改变加热电压，且保证蒸汽放空口一直有蒸汽放出。

七、思考题

1. 管内空气流动速度对传热膜系数有何影响？当空气速度增大时，空气离开热交换器时的温度将升高还是降低？为什么？

2. 如果采用不同压强的蒸汽进行实验，对 α 式的关联有无影响？

3. 强化传热要以什么为代价？

4. 强化传热的效果一般如何评价？采用什么作为评价的

指标？

5. 以空气为介质的传热实验，其雷诺数 Re 最好应如何计算？

实验十 填料吸收塔吸收系数测定实验

一、实验目的

1. 了解填料吸收塔的结构、性能和特点，练习并掌握填料塔操作方法。

2. 加深对填料塔流体力学性能及其传质性能基本理论的理解。

3. 练习并掌握填料吸收塔传质能力和传质效率的测定方法及其影响因素。

4. 学习气液连续接触式填料塔，利用传质速率方程处理传质问题的方法。

二、实验原理

1. 填料塔流体力学特性

气体通过干填料层时，流体流动引起的压降和湍流流动引起的压降规律相一致。在双对数坐标系中，此压降对气速作图可得一斜率为 1.8～2 的直线（图中 aa 线）。当有喷淋量时，在低气速下（c 点以前）压降也正比于气速的 1.8～2 次幂，但大于同一气速下干填料的压降（图中 bc 段）。随气速的增加，出现载点（图 3-10-1 中 c 点），持液量开始增大，压降-气速线向上弯，斜率变陡（图中 cd 段）。到液泛点（图中 d 点）后，在几乎不变的气速下，压降急剧上升。

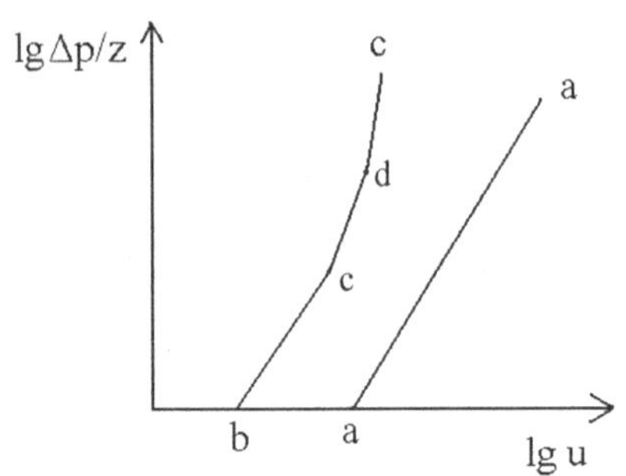

图 3-10-1　填料层压降-空塔气速关系示意图

2. 传质实验

填料塔与板式塔气液两相接触情况不同。在填料塔中，两相传质主要是在填料有效湿表面上进行，需要计算完成一定吸收任务所需填料高度，其计算方法有：传质系数法、传质单元法和等板高度法。

本实验是通过用水吸收氧并对富氧水进行解吸进行的（图3-10-1）。由于富氧水浓度很小，可认为气液两相的平衡关系服从亨利定律，即平衡线为直线，操作线也是直线，因此可以用对数平均浓度差计算填料层传质平均推动力。整理得到相应的传质速率方式及填料层高度的计算式为：

$$Z = \frac{L}{K_x a \cdot \Omega}\int_{x_2}^{x_1} \frac{dx}{x^* - x} = H_{OL} \cdot N_{OL} \tag{3-10-1}$$

其中

$$N_{OL} = \int_{x_2}^{x_1} \frac{dx}{x^* - x} = \frac{x_1 - x_2}{\Delta x_m}, H_{OL} = \frac{L}{K_x a \cdot \Omega}$$

则

$$H_{OL} = Z/N_{OL} \tag{3-10-2}$$

$$K_x a = \frac{L}{H_{OL} \cdot \Omega} = \frac{L \cdot N_{OL}}{Z \cdot \Omega} = \frac{L \cdot (x_1 - x_2)}{Z \cdot \Omega \cdot \Delta x_m} = \frac{G_A}{V_p \cdot \Delta x_m} \tag{3-10-3}$$

其中

$$\Delta x_m = \frac{(x_1 - x_1^*) - (x_2 - x_2^*)}{\ln \frac{x_1 - x_1^*}{x_2 - x_2^*}} \quad (3\text{-}10\text{-}4)$$

$$G_A = L(x_1 - x_2), V_p = Z \cdot \Omega$$

式中，G_A 为单位时间内氧的解吸量，Kmol/h；$K_x a$ 为总体积传质系数，Kmol/m^3·h·Δx；V_P 为填料层体积，m^3；Δx_m 为液相对数平均浓度差；x_1 为液相进塔时的摩尔分率（塔顶）；x_1^* 为与出塔气相 y_1 平衡的液相摩尔分率（塔顶）；x_2 为液相出塔的摩尔分率（塔底）；x_2^* 为与进塔气相 y_2 平衡的液相摩尔分率（塔底）；Z 为填料层高度，m；Ω 为塔截面积，m^2；L 为解吸液流量，Kmol/h；H_{OL} 为以液相为推动力的传质单元高度；N_{OL} 为以液相为推动力的传质单元数。

由于氧气为难溶气体，在水中的溶解度很小，因此传质阻力几乎全部集中于液膜中，即 $K_x = k_x$，由于属液膜控制过程，所以要提高总传质系数 $K_x a$，应增大液相的湍动程度。

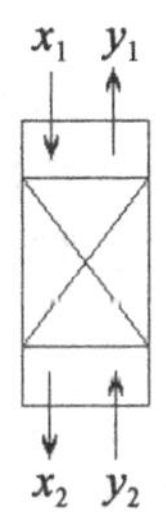

图 3-10-2　富氧水解吸塔氧浓度示意图

在 y—x 图中，解吸过程的操作线在平衡线下方，本实验中还是一条平行于横坐标的水平线（因氧在水中浓度很小）。

三、实验装置

1. 实验装置流程图

氧气吸收与解吸实验装置流程图见图 3-10-3。

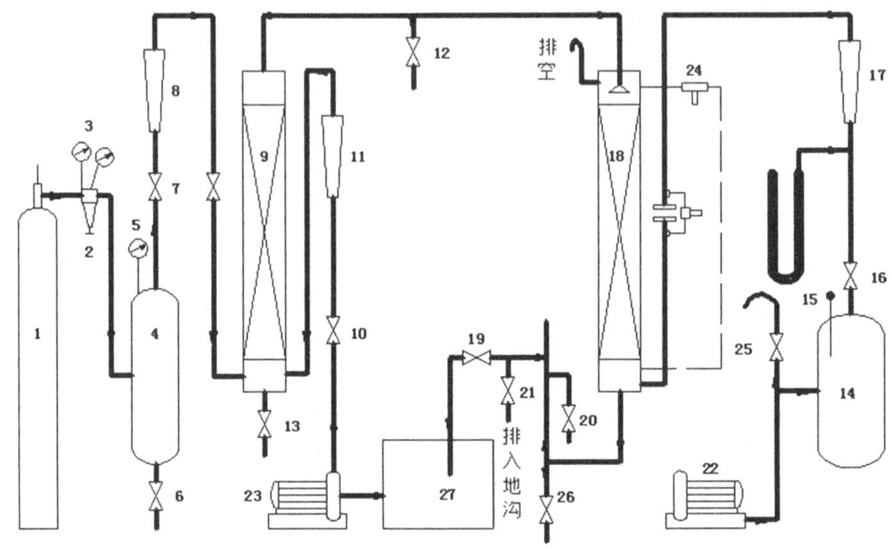

图 3-10-3　填料吸收塔吸收系数测定实验装置流程图

1—氧气钢瓶；2—氧减压阀；3—氧压力表；4—氧缓冲罐；5—氧压力表；6—放水阀；7—氧气流量调节阀；8—氧转子流量计；9—吸收塔；10—水流量调节阀；11—水转子流量计；12—富氧水取样阀；13—放水阀；14—空气缓冲罐；15—温度计；16—空气流量调节阀；17—空气转子流量计；18—解吸塔；19—回水箱阀；20—贫氧水取样阀；21—放水阀；22—风机；23—水泵；24—压差计；25—旁路调节阀；26—放水阀；27—水箱

2. 实验流程简介

氧气由氧气钢瓶 1 供给，经减压阀 2 进入氧气缓冲罐 4，稳压在 0.03～0.04 MPa，由阀 7 调节氧气流量，并经转子流量计 8 计量，进入吸收塔 9 中，与水并流吸收。水泵 23 从水箱 27 抽水经调节阀 10，由转子流量计 11 计量后进入吸收塔。含富氧水经管道在解吸塔的顶部喷淋。空气由风机 22 供给，经缓冲罐 14，由阀 16 调节流量，经转子流量计 17 计量，通入解吸塔底部解吸富氧水，解吸后的尾气从塔顶排出，贫氧水从塔底经放水阀 21 排出。

为了测量填料层压降，解吸塔装有压差计 24。

在解吸塔入口设有入口采出阀 12，用于采集入口水样，出口水样在塔底采出阀 20 取样。

两水样液相氧浓度由 YSI550A 型溶氧仪测得。

四、实验方法及步骤

1. 吸收塔干填料层 $\lg(\Delta P/Z) \sim \lg u$ 关系曲线实验步骤

(1)实验装置的准备

①保证塔内填料事先已吹干；

②确定空气旁路调节阀 25 处于全开状态。

(2)数据采集

①启动风机；

②通过旁通阀 25 和空气流量计控制阀 16，调节进塔的空气流量；

③空气流量从小到大，稳定后读取填料层压降 ΔP，并记录空气流量，测取 6～8 组数据；

④在对数坐标纸上以空塔气速 u 为横坐标，以单位高度的压降 $\Delta P/Z$ 为纵坐标，标绘出干填料层 $\lg(\Delta P/Z) \sim \lg u$ 关系曲线。

(3)实验结束

①缓慢将旁通阀 25 开到最大，空气流量计控制阀 16 关闭；

②关闭风机。

2. 湿塔填料层 $\lg(\Delta P/Z) \sim \lg u$ 关系曲线实验步骤

(1)预液泛

①打开回水箱阀 19，关闭流出阀门 21；

②打开流量调节阀 10，固定水在某一喷淋量下，80、100、120 (L/h)；

③启动风机，缓慢调节空气流量，注意观察现象，初步判断液泛位置。

(2)数据采集

①上述步骤改变空气流量，将空气流量从小到大，缓慢调节，

测定填料塔压降，记录空气流量，测取 8～10 组数据；

②在对数坐标纸上以空塔气速 u 为横坐标，以单位高度的压降 $\Delta P/Z$ 为纵坐标，标绘出湿填料层 $\lg(\Delta P/Z)\sim\lg u$ 关系曲线；

(3)改变水喷淋量，再做两组数据，并比较。

3. 传质实验操作步骤

(1)实验装置的准备

①弄清溶氧仪的结构、原理、使用方法及注意事项；

②检查实验装置阀门开关正确，明确采样口位置。

(2)通氧气

将氧气阀打开，氧气减压后进入缓冲罐，氧气转子流量计保持 0.05 m^3/h 左右。

(3)通水

①关闭回水箱阀 19，打开流出阀门 21；

②启动离心泵，打开流量调节阀 10 调节水流量至 100 L/h，水喷淋密度取 10～15 $m^3/(m^2\cdot h)$。

(4)通空气

当富氧水从解析塔顶流下时，打开风机调节流量至 10 m^3/h。

(5)采样

①分别从塔顶 12 与塔底 20 取出富氧水和贫氧水；

②用溶氧仪分析其氧的含量，同时记录对应的水温。

(6)实验结束

①关闭氧气减压阀；

②关闭氧气流量调节阀；

③关闭其他阀门。

4. 实验岗位分工

为了确保实验有序地进行，以及数据的及时准确记录，并且锻炼学生操作的岗位安全责任意识，对各操作环节进行分工；随后可以进行轮岗，确保学生对实验过程的全面掌握，岗位分工见

表 3-10-1，岗位中数字同流程图中数字编号。

表 3-10-1　填料吸收系数测定实验岗位分工

人员编号	岗位	职责
1	3,5,7,8,10,11,19,21,23	确保氧气、水的稳定控制
2	22,25,16	确保空气的稳定控制
3	溶氧仪	准确测量氧含量
4	12,20	采样
5	数据记录	记录空气流量、水的流量、氧气压力、水的含氧量，实验现象

五、实验数据记录与数据处理

记录表如表 3-10-2 至表 3-10-7 所示。

表 3-10-2　吸收塔干填料层实验原始数据记录表

解吸塔塔径 d:______(m)　解吸塔塔高 Z:______(m)

序号	空气流量 V(m^3/h)	填料塔压降 ΔP(kPa)
1		
2		
3		
4		
5		
6		

表 3-10-3　吸收塔湿塔填料层实验原始数据记录表

解吸塔塔径 d:______(m)　解吸塔塔高 Z:______(m)　喷淋量 L:______(L/h)

序号	空气流量 V(m^3/h)	填料塔压降 ΔP(kPa)
1		

续表

序号	空气流量 V(m^3/h)	填料塔压降 ΔP(kPa)
2		
3		
4		
5		
6		

表 3-10-4　传质实验原始数据记录表

解吸塔塔径 d:______(m)　解吸塔塔高 Z:______(m)

喷淋量 L:______(L/h)　空气流量:______(m^3/h)

序号	富氧水含氧量 C_1(mg/L)	贫氧水含氧量 C_2(mg/L)	水温 t(℃)
1			
2			
3			

表 3-10-5　吸收塔干填料层实验数据结果汇总表

解吸塔塔径 d:______(m)　解吸塔塔高 Z:______(m)

序号	空气流速 u(m/s)	填料塔单位压降 $\Delta P/\Delta Z$(kPa/m)
1		
2		
3		
4		
5		
6		

表 3-10-6　吸收塔湿塔填料层实验数据结果汇总表

解吸塔塔径 d:______(m)　解吸塔塔高 Z:______(m)　喷淋量 L:______(L/h)

序号	空气流速 u(m/s)	填料塔单位压降 $\Delta P/\Delta Z$(kPa/m)
1		

续表

序号	空气流速 u(m/s)	填料塔单位压降 $\Delta P/\Delta Z$(kPa/m)
2		
3		
4		
5		
6		

表 3-10-7　传质实验数据汇总表

解吸塔塔径 d:______(m)　解吸塔塔高 Z:______(m)

喷淋量 L:______(L/h)　空气流量:______(m^3/h)

序号	富氧水氧浓度 x_1	贫氧水含氧量 x_2	平均浓度差 Δx_m	传质系数 $K_x a$
1				
2				
3				

六、注意事项

1. 实验接近液泛时，进塔气体的增加量不要过大，否则泛点不容易找到。

2. 密切观察表面气液接触状况，并注意填料层压降变化幅度，务必让各参数稳定后再读数。

3. 为防止水倒灌进入氧气转子流量计中，要先通入氧气后通水。

4. 传质实验，在每次更换流量的第一次所取样品要倒掉，第二次以后所取的样品方能进行氧含量的测定，并且富氧水与贫氧水同时进行取样。

七、思考题

1. 试分析影响传质系数的因素。

2. 气体流量和液体流量对氧解吸的 K_xa 的影响关系如何？哪个的影响大些？为什么？

3. 简述吸收与解吸的联系和区别。

实验十一　精馏实验

一、实验目的

1. 了解板式精馏塔的结构和操作。

2. 掌握板式精馏塔开车的全回流操作流程。

3. 学习精馏塔性能参数的测量方法，并掌握其影响因素。

二、实验原理

1. 全塔效率 E_T

全塔效率又称总板效率，是指达到指定分离效果所需理论板数与实际板数的比值，即

$$E_T = \frac{N_T - 1}{N_P} \tag{3-11-1}$$

式中，N_T 为完成一定分离任务所需的理论塔板数，包括蒸馏釜；N_P 为完成一定分离任务所需的实际塔板数。

全塔效率简单地反映了整个塔内塔板的平均效率，说明了塔板结构、物性系数、操作状况对塔分离能力的影响。对于塔内所需理论塔板数 N_T，可由已知的双组分物系平衡关系，以及实验中

测得的塔顶、塔釜出液的组成，回流比 R 和热状况 q 等，用图解法求得。

2. 单板效率 E_M

单板效率又称莫弗里板效率，如图 3-11-1 所示，是指气相或液相经过一层实际塔板前后的组成变化值与经过一层理论塔板前后的组成变化值之比。

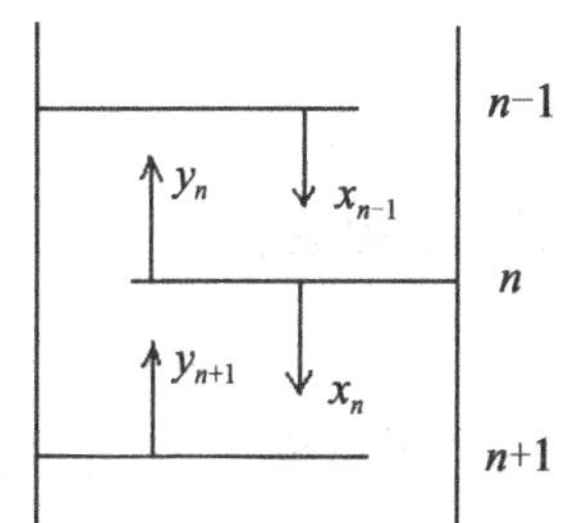

图 3-11-1 塔板气液流向示意图

按气相组成变化表示的单板效率为

$$E_{MV} = \frac{y_n - y_{n+1}}{y_n^* - y_{n+1}} \tag{3-11-2}$$

按液相组成变化表示的单板效率为

$$E_{ML} = \frac{x_{n-1} - x_n}{x_{n-1} - x_n^*} \tag{3-11-3}$$

式中，y_n、y_{n+1} 为离开第 n、$n+1$ 块塔板的气相组成，摩尔分数；x_{n-1}、x_n 为离开第 $n-1$、n 块塔板的液相组成，摩尔分数；y_n^* 是与 x_n 成平衡的气相组成，摩尔分数；x_n^* 是与 y_n 成平衡的液相组成，摩尔分数。

3. 进料热状况参数

部分回流时，进料热状况参数的计算式为

$$q = \frac{C_{Pm}(t_{BP} - t_F) + r_m}{r_m} \tag{3-11-4}$$

式中，t_F 为进料温度，℃；t_{BP} 为进料的泡点温度，℃；C_{pm} 为进料液体在平均温度 $(t_F + t_P)/2$ 下的比热，KJ/(kmol·℃)；r_m 为进料液体在其组成和泡点温度下的汽化潜热，KJ/kmol。

$$Cpm = C_{P1}M_1x_1 + C_{P2}M_2x_2 \ \text{KJ/(kmol·℃)} \tag{3-11-5}$$

$$r_m = r_1M_1x_1 + r_2M_2x_2 \ \text{KJ/kmol} \tag{3-11-6}$$

式中，C_{P1}，C_{P2} 为分别为纯组份 1 和组份 2 在平均温度下的比热，KJ/(kg·℃)；r_1，r_2 为分别为纯组份 1 和组份 2 在泡点温度下的汽化潜热，KJ/kg；M_1，M_2 为分别为纯组份 1 和组份 2 的摩尔质量，KJ/kmol；x_1，x_2 为分别为纯组份 1 和组份 2 在进料中的摩尔分率。

三、实验装置

1. 实验设备流程图（图 3-11-2）

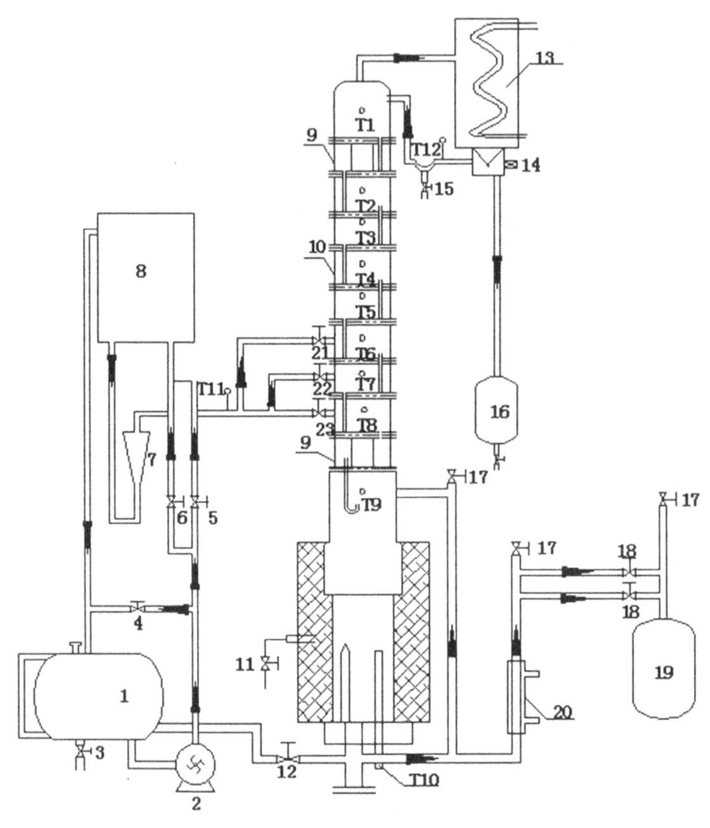

图 3-11-2 精馏实验装置流程图

1—储料罐；2—进料泵；3—放料阀；4—料液循环阀；5—直接进料阀；6—间接进料阀；7—流量计；8—高位槽；9—玻璃观察段；10—精馏塔；11—塔釜取样阀；12—釜液放空阀；13—塔顶冷凝器；14—回流比控制器；15—塔顶取样阀；16—塔顶液回收罐；17—放空阀；18—塔釜出料阀；19—塔釜储料罐；20—塔釜冷凝器；21—第六块板进料阀；22—第七块板进料阀；23—第八块板进料阀；T1～T12—温度测量点

2. 实验设备主要技术参数

精馏塔实验装置结构参数见表3-11-1。

表3-11-1　精馏塔结构参数

设备名称	直径（mm）	高度（mm）	板间距（mm）	板数（块）	板型、孔径（mm）	降液管	材质
塔体	Φ57×3.5	100	100	10	筛板 2.0	Φ8×1.5	不锈钢
塔釜	Φ100×2	300					不锈钢
塔顶冷凝器	Φ57×3.5	300					不锈钢
塔釜冷凝器	Φ57×3.5	300					不锈钢

3. 实验仪器及试剂

实验物系：乙醇-正丙醇（化学纯或分析纯）。

实验物系平衡关系见表3-11-2。

表3-11-2　乙醇-正丙醇 $t-x-y$ 关系

（以乙醇摩尔分率表示，x—液相，y—气相，乙醇沸点：78.3℃；正丙醇沸点：97.2℃）

t	97.60	93.85	92.66	91.60	88.32	86.25	84.98	84.13	83.06	80.50	78.38
x	0	0.126	0.188	0.210	0.358	0.461	0.546	0.600	0.663	0.884	1.0
y	0	0.240	0.318	0.349	0.550	0.650	0.711	0.760	0.799	0.914	1.0

实验物系浓度要求：15%～25%（乙醇质量百分数），浓度分析使用阿贝折光仪，折光指数与溶液浓度的关系见表3-11-3。

表3-11-3　温度—折光指数—液相组成之间的关系

温度 \ 组成	0	0.05052	0.09985	0.1974	0.2950	0.3977	0.4970	0.5990
25℃	1.3827	1.3815	1.3797	1.3770	1.3750	1.3730	1.3705	1.3680
30℃	1.3809	1.3796	1.3784	1.3759	1.3755	1.3712	1.3690	1.3668

续表

组成 温度	0	0.05052	0.09985	0.1974	0.2950	0.3977	0.4970	0.5990
35℃	1.3790	1.3775	1.3762	1.3740	1.3719	1.3692	1.3670	1.3650
组成 温度	**0.6445**	**0.7101**	**0.7983**	**0.8442**	**0.9064**	**0.9509**	**1.000**	
25℃	1.3607	1.3658	1.3640	1.3628	1.3618	1.3606	1.3589	
30℃	1.3657	1.3640	1.3620	1.3607	1.3593	1.3584	1.3574	
35℃	1.3634	1.3620	1.3600	1.3590	1.3573	1.3653	1.3551	

30℃下质量分率与阿贝折光仪读数之间关系也可按下列回归式计算：

$$W = 58.844116 - 42.61325 \times n_D$$

其中：W 为乙醇的质量分率；n_D 为折光仪读数（折光指数）；通过质量分率求出摩尔分率（X_A），公式如式 3-11-7 下：乙醇分子量 $M_A = 46$；正丙醇分子量 $M_B = 60$。

$$X_A = \frac{(W_A/M_A)}{(W_A/M_A) + [1 - (W_A)]/M_B} \tag{3-11-7}$$

四、实验方法

1. 实验操作步骤

(1)实验装置的检查与准备

①检查阿贝折光仪以及配套的恒温水浴仪是否能正常运行，并将其调整到所需的温度，并记录这个温度；

②准备好取样用注射器和擦镜纸；

③检查实验装置上的各个旋塞、阀门均应处于关闭状态；

④配制总容量 15 L 左右的一定浓度（质量浓度 20%左右）的乙醇-正丙醇混合液，倒入储料罐 1。

(2)全回流实验操作步骤

①接通总电源及仪表开关;

②打开塔顶冷凝器进水阀门,保证冷却水足量(60 L/h 即可);

③精馏釜塔塔釜打开直接进料阀门 5 和进料泵开关,向精馏釜内加料到指定高度(冷液面在塔釜总高 2/3 处),而后关闭进料阀门和进料泵;

④塔釜液加热:调节加热电压约为 130 V,待塔板上建立液层后再适当加大电压,使塔内维持正常操作;

⑤当各块塔板上鼓泡均匀后,保持加热釜电压不变,在全回流情况下稳定 20 分钟左右;

⑥采样分析:分别在塔顶取样口 15、塔釜取样口 11,用 50 ml 三角瓶同时取样,通过阿贝折射仪分析样品浓度;

⑦平行采集 3 组数据。

(3)部分回流实验操作步骤

①打开间接进料阀门 6 和进料泵,调节转子流量计 7,以 2.0～3.0 L/h 的流量向塔内加料,选择一个加料位置;

②用回流比控制调节器调节回流比为 $R=4$,馏出液收集在塔顶液回收罐 16 中,塔釜产品经冷却后,手机在塔釜储液罐 19 中;

③待操作稳定后,观察塔板上传质状况,记下加热电压、塔顶温度等有关数据;

④分别在塔顶、塔釜和进料三处取样,用折光仪分析其浓度并记录下进料的温度。

(4)实验结束

①关闭进料阀门和加热开关,关闭回流比调节器开关;

②停止加热 10 分钟后,关闭冷却水,一切复原;

2. 实验操作岗位分工

为了确保实验有序地进行,以及数据的及时准确记录,并且锻炼学生操作的岗位安全责任意识,对各操作环节进行分工;随后可以进行轮岗，确保学生对实验过程的全面掌握，岗位分工见表 3-11-4，岗位中数字同流程图中数字编号。

表 3-11-4　筛板精馏塔精馏效率测定实验实验岗位分工

人员编号	岗位	职责
1	1、2、4、5、6、7、21、22、23	进料泵、进料流量、塔釜液位、塔顶回流比的整行运行
2	实验现象观察、记录	加热电压的控制确保塔板鼓泡正常，并记录实验现象
3	15	塔顶样品采集
4	11	塔釜样品采集
5	3	进料样品采集
6	阿贝折光仪、数据记录	及时准确测量和记录塔顶、塔釜、进料样品浓度、温度

五、实验数据记录与数据处理

记录表如表 3-11-5 至表 3-11-8 所示。

表 3-11-5　精馏实验全回流原始数据记录表

回流比 R:______　实际塔板数 N_p:______块　实验物系:乙醇-正丙醇

序号	阿贝折光仪温度 t(℃)	塔顶样品折光系数 n_D	塔釜样品折光系数 n_w
1			
2			
3			

表 3-11-6　精馏实验部分回流原始数据记录表

进料温度 t_f:______　回流比 R:______　实际塔板数 N_p:______块

序号	阿贝折光仪温度 t(℃)	塔顶样品折光系数 n_D	塔釜样品折光系数 n_w	进料样品折光系数 n_F
1				

续表

序号	阿贝折光仪温度 t(℃)	塔顶样品折光系数 n_D	塔釜样品折光系数 n_w	进料样品折光系数 n_F
2				
3				

表 3-11-7　精馏实验全回流数据结果汇总

回流比 R:______　实际塔板数 N_p:______块　实验物系:乙醇-正丙醇

实验参数	塔顶组成	塔釜组成
折光指数 n		
质量分率 W		
摩尔分率 X		
理论板数		
总板效率		

表 3-11-8　精馏实验部分回流数据结果汇总

实验参数	塔顶组成	塔釜组成	进料组成
折光指数 n			
质量分率 W			
摩尔分率 X			
理论板数			
总板效率			

六、注意事项

1. 由于实验所用物系属易燃物品，所以实验中要特别注意安全，操作过程中避免洒落以免发生危险。

2. 本实验设备加热功率由仪表自动调节，注意控制加热升温要缓慢，以免发生爆沸（过冷沸腾）使釜液从塔顶冲出。若出现此现象应立即断电，重新操作。升温和正常操作过程中釜的电功率不能过大。

3. 开车时要先接通冷却水再向塔釜供热，停车时操作反之。

4. 检测浓度使用阿贝折光仪。读取折光指数时，一定要同时记录测量温度并按给定的折光指数—质量百分浓度—测量温度关系测定相关数据(折光仪和恒温水浴由用户自购，使用方法见说明书)。

5. 为便于对全回流和部分回流的实验结果(塔顶产品质量)进行比较，应尽量使两组实验的加热电压及所用料液浓度相同或相近。连续开出实验时，应将前一次实验时留存在塔釜、塔顶、塔底产品接受器内的料液倒回原料液储罐中循环使用。

七、思考题

1. 测定全回流和部分回流总板效率与单板效率时各需测几个参数？取样位置在何处？

2. 全回流时测得板式塔上第 n、$n-1$ 层液相组成后，如何求得 x_n^*，部分回流时，又如何求 x_n^*？

3. 在全回流时，测得板式塔上第 n、$n-1$ 层液相组成后，能否求出第 n 层塔板上的以气相组成变化表示的单板效率？

4. 查取进料液的汽化潜热时定性温度取何值？

5. 若测得单板效率超过 100%，做何解释？

实验十二　液液传质系数测定实验

一、实验目的

1. 了解液液传质实验设备的结构和特点，掌握用刘易斯池测定液液传质系数的方法。

2. 学习流动状况、物系性质对液液传质的影响。

3. 掌握测定传质速率的方法，会对实验数据进行处理。

二、实验原理

本实验采用改进型的 Lewis 池。由于 Lewis 池具有恒定相界面，当实验在给定搅拌速度及恒定温度下，测定各相浓度随时间的变化关系，就可方便地用物料衡算及速率方程获得传质系数。

$$-\frac{V_w dC_w}{Adt}=\frac{V_o dC_o}{Adt}=K_w(C_w-C_w^*)$$
$$=K_o(C_o^*-C_o) \qquad (3\text{-}12\text{-}1)$$

式中，V_w、V_o 为 t 时刻水相和有机相的体积；A 为界面面积；K_w、K_o 为以水相浓度和有机相浓度表示的总传质系数；$C_w{}^*$ 为与有机相浓度成平衡的水相浓度；$C_O{}^*$ 为与水相浓度成平衡的有机相浓度。

若平衡分配系数能近似取常数，则

$$C_W^*=\frac{C_O}{m}$$
$$C_O^*=mC_W \qquad (3\text{-}12\text{-}2)$$

式(3-12-1)中的 $\frac{dC}{dt}$ 的值，可将实验数据进行拟合，然后求导得到。

若将系统达到平衡时的水相浓度 C_W^e 和有机相浓度 C_O^e 替换式(3-12-1)中的 C_W^* 和 C_O^*，则对式(3-12-1)式积分可推出：

$$K_W=\frac{V_W}{At}\int_{C_W(O)}^{C_W(t)}\frac{dC_W}{C_W^e-C_W}=-\frac{V_W}{At}\ln\frac{C_W^e-C_W(t)}{C_W^e-C_W(o)} \qquad (3\text{-}12\text{-}3)$$

$$K_O=\frac{V_O}{At}\int_{C_O(O)}^{C_O(t)}\frac{dC_O}{C_O^e-C_O}=-\frac{V_O}{At}\ln\frac{C_O^e-C_O(t)}{C_O^e-C_O(o)} \qquad (3\text{-}12\text{-}4)$$

以 $\ln\frac{C^e-C(t)}{C^e-C(o)}$ 对 t 作图从斜率也可获得传质系数。

三、实验装置

1. 实验装置流程示意图(图 3-12-1)

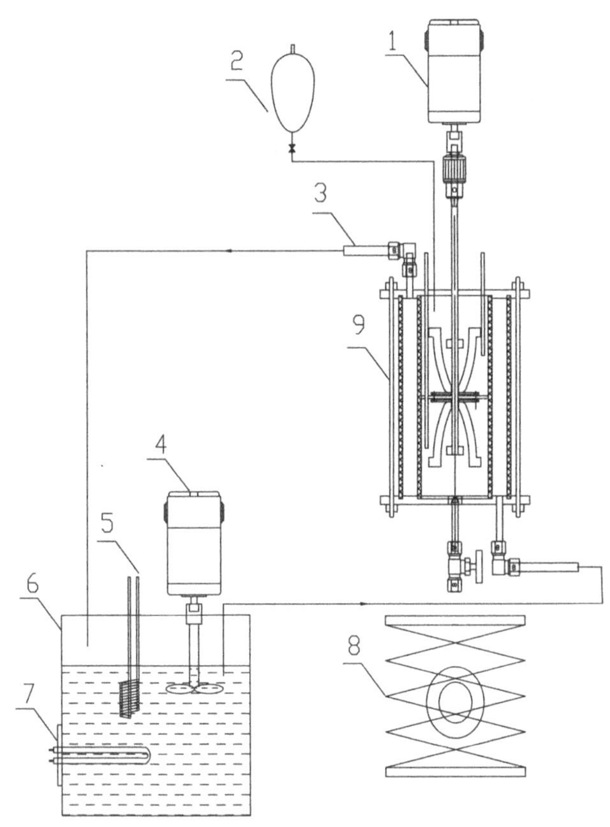

图 3-12-1　实验装置流程图

1—搅拌电机;2—高位槽;3—夹套循环水;4—循环水电机;
5—冷却水接口;6—恒温槽;7—加热棒;8—升降台;9—刘易斯池

2. 实验设备主要参数

实验所用的 Lewis 池,如图 3-12-2 所示。它一端内径为 90 mm,高为 0.22 m,池内体积为 1000 ml,用一块聚四氟乙烯制成的界面环(环上每个小孔的面积为 3.8 cm^2,共 6 个),把池分割成大致等体积的两隔室。两隔室的中间部位装有互相独立的六叶搅拌浆,在搅拌浆的四周各装设六叶垂直挡板,其作用在于防止在较高搅拌强度下造成界面扰动。两个搅拌浆由一个直流电机通过皮带轮驱动。一个光电传感器监测着搅拌浆的转速,并装有可控硅调速装置,可方便地调整转速。两液相的加料经高位槽注入池内,取样通过上边法兰的取样口进行。另外配有恒温夹套,以调节和控制池内两相的温度。为防止取样后实际传质界面发生变化,在池的下端配有一个升降台,可以通过它随时调节液面处于界面环中心线的位置。

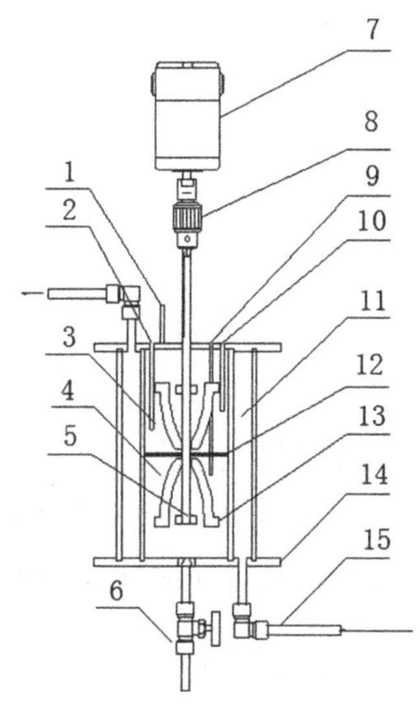

图 3-12-2　Lewis CeCl 图

1—加料口;2—温度计;3—上垂直挡板;4—下垂直挡板;5—下搅拌桨;6—放液阀;7—直流电机;8—联轴器;9—水相取样口;10—有机相(酯相)取样口;11—玻璃套筒;12—界面环;13—玻璃筒;14—下连接法兰;15—恒温水接口

四、实验方法及步骤

1.液液传质系数测定实验操作步骤

(1)实验开始前,用丙酮溶液清洗实验装置各个部位。

(2)通过高位槽 2 进行加料。首先加入第一相既重相水 450 ml,调节升降台 8 直至界面环中心线的位置与液面重合,然后加入第二相,乙酸乙酯 450 ml。加入乙酸乙酯时要缓缓的,尽量保持界面稳定,避免产生界面震动。

(3)启动恒温水域开关,控制池内温度在 25℃。启动搅拌,维持搅拌转速在 120 r/min 左右，如此工作约 30 分钟，使两相互相饱和达到平衡状态。

(4)然后从高位槽 2 加入一定量的醋酸约 30 ml，因为醋酸在两相中的溶质传递是从不平衡到平衡的一个过程，所以加入醋酸后就开始计时。

(5)相隔 5 分钟同时取上层和下层样品，每相样品取 1 ml，采用 0.1 mol/L 氢氧化钠标准溶液进行滴定。如此进行，测定 8～10 组数据并记录。

(6)实验结束后，首先关闭搅拌，再关闭恒温水域。将实验用药品放到回收桶中，整理好物品一切复原。对实验数据进行整理。

2. 实验操作岗位分工

为了确保实验有序地进行，以及数据的及时准确记录，并且锻炼学生操作的岗位安全责任意识，对各操作环节进行分工；随后可以进行轮岗，确保学生对实验过程的全面掌握，岗位分工见表 3-12-1，岗位中数字同流程图中数字编号。

表 3-12-1 液液传质系数测定实验岗位分工

人员编号	岗位	职责
1	2,8	确保物料的准确进入及界面调平
2	9,10	正确取样及样品的准确滴定
3	数据记录	及时准确记录 t，W_0，$V_{氢氧化钠}$

五、实验记录与数据处理

记录表发表 3-12-2 至表 3-12-5 所示。

表 3-12-2 上层酯层原始数据记录表

$C_{氢氧化钠}$：______(mol/L)

序号	时间 t (s)	NaOH 体积 (ml)	样品+针管 (g)	针管重 (g)	样品重量 (g)	样品体积 V(ml)
1						

续表

序号	时间 t（s）	NaOH 体积（ml）	样品＋针管（g）	针管重（g）	样品重量（g）	样品体积 V（ml）
2						
3						
4						
5						
6						
7						
8						

表 3-12-3　下层水层原始数据记录表

$C_{氢氧化钠}$：______（mol/L）

序号	时间 t（s）	NaOH 体积（ml）	样品＋针管质量（g）	针管重（g）	样品重量（g）	样品体积 V（ml）
1						
2						
3						
4						
5						
6						
7						
8						

表 3-12-4　上层酯层实验结果汇总表

序号	C_o（mol/L）	C_{w0}^*（mol/L）	C_o^*-$Co(t)$（mol/L）	C_o^*-$Co(0)$（mol/L）	$\ln\frac{C_0^*-C_0(t)}{C_0^*-C_0(o)}$
1					
2					
3					

续表

序号	C_o (mol/L)	C_{w0}^* (mol/L)	C_o^*-$Co(t)$ (mol/L)	C_o^*-$Co(0)$ (mol/L)	$\ln\frac{C_0^*-C_0(t)}{C_0^*-C_0(o)}$
4					
5					
6					
7					
8					

表 3-12-5　下层水层实验结果汇总表

序号	C_o (mol/L)	C_{w0}^* (mol/L)	C_o^*-$Co(t)$ (mol/L)	C_o^*-$Co(0)$ (mol/L)	$\ln\frac{C_0^*-C_0(t)}{C_0^*-C_0(o)}$
1					
2					
3					
4					
5					
6					
7					
8					

六、实验注意事项

1. 在向池内加料时，首先加入重相水，再加入轻相，加入乙酸乙酯时要缓慢沿壁面加入，尽量避免界面震动太大。

2. 取样分析时，为保证实验数据的准确性，上层和下层样品要同时进行。

3. 量取样品体积要准确。也可以采用取完样品后称重的办法，减小取样环节的误差。

4. 搅拌转速控制要稳定。

七、思考题

1. 为什么加入乙酸乙酯时要缓慢操作？
2. 为什么加入醋酸后才方可计时？
3. 传质系数与哪些因素有关？

实验十三　干燥速率曲线测定实验

一、实验目的

1. 通过实验学生可了解湿物料连续流化干燥的流程，掌握湿物料连续流化干燥的操作方法。

2. 通过数据测定及分析，掌握干燥操作中物料过程中热量衡算和体积对流传热系数(α_v)的估算方法。同时通过实验数据验证流化床干燥的气-固相间对流传热效果较好，即 $\alpha_{v值}$大。

3. 实验过程可以定性观察到旋风分离器内径向上的静压强分布和分离器底部出灰口等处出现负压的情况，引导学生认识出灰口和集尘室密封良好的必要性。

二、实验原理

在进行干燥操作时，人们不仅需要了解干燥过程的干燥特性曲线，还需要了解整个过程的物料衡算、热量传递及干燥效率问题。连续干燥操作是工业生产中常用的一种干燥方法。其对流干燥过程是将空气预热后进入干燥器，和连续进入干燥器的湿物料相遇，将湿物料中的湿基含水量由 w_1 降为 w_2(或干基含水量

由 X_1 降为 X_2),物料的温度由 θ_1 升为 θ_2,同时干燥后的物料连续地离开干燥器。由于排出干燥器的空气会带走一部分热量,通常需要对干燥器内的空气补加热量。实际生产中,在生产能力和原料及产品要求已定的情况下,确定干燥器容积和操作条件时,需要以干燥过程的物料衡算和热量换算为基础。

1. 连续干燥操作的物料衡算

在连续干燥的整个操作过程中,物料始终保持平衡,即:

$$物料湿重=物料干重+干燥的水分 \tag{3-13-1}$$

$$输入物料\ g_1=输出物料\ g_2+干燥的水分量\ g_3 \tag{3-13-2}$$

式中,g_1 为输入湿物料的质量,kg;g_2 为输出物料的质量,kg;g_3 为干燥过程中被除掉的水分量,kg。

式(3-13-2)可以变换为:

$$g_1 = g_2 \times \frac{1-w_1}{1-w_2} \tag{3-13-3}$$

$$g_3 = g_2 - g_1 \tag{3-13-4}$$

式中,w_1 为输入物料量的湿基含水量;w_2 为输出物料量的湿基含水量。

干燥时,物料的进、出料速率 G_1 和 G_2 为:

$$G_1 = g_1/\Delta_1(\mathrm{kg\cdot s^{-1}}) \tag{3-13-5}$$

$$G_2 = g_1/\Delta_2(\mathrm{kg\cdot s^{-1}}) \tag{3-13-6}$$

式中,Δ_1,Δ_2 为加料和出料时间(s)。

在定常态操作条件下,Δ_1 和 Δ_2 相等,则:

$$G_1 = G_2 \times \frac{1-w_2}{1-w_1} \tag{3-13-7}$$

按绝对干燥的物料计算,进出料速率相等,记为 G_c,则有

$$G_c = G_1(1-w_1)(\mathrm{kg\cdot s^{-1}}) \tag{3-13-8}$$

$$G_c = G_2(1-w_2)(\mathrm{kg\cdot s^{-1}}) \tag{3-13-9}$$

脱水速率 G_W 为

$$G_W = G_c(X_1-X_2) = q_m(H_1-H_2) \tag{3-13-10}$$

式中,G_W 为干燥过程中除掉水分的速率,$\mathrm{kg\cdot s^{-1}}$;X_1 为输入物料

量的干基含水量；X_2 为输出物料量的干基含水量；q_m 为绝对干燥空气的质量流量，$kg \cdot s^{-1}$；H_1，H_2 为空气进、出干燥器的湿度。

式(3-13-10)可以变换为：

$$G_W = G_1 - G_2 = G_1 \times \frac{w_1 - w_2}{1 - w_2} \qquad (3\text{-}13\text{-}11)$$

2. 热量衡算

在稳定常态的连续干燥过程中，整个系统的热量是平衡的。若只考察单位时间内热量的变化情况下，即为功率平衡问题：

$$\varphi_{预} - \varphi_D = q_m(I_2 - I_0) + G_c(I'_2 - I'_1) + \varphi_{损} \qquad (3\text{-}13\text{-}12)$$

式中，I_0 为湿空气进预热器时的焓值，$J \cdot g$ 干气$^{-1}$；I_2 为湿空气离开干燥器时的焓值，$J \cdot g$ 干气$^{-1}$；I'_1，I'_2 为进、出干燥器时物料的焓值，$J \cdot g$ 干料$^{-1}$；$\varphi_{预}$ 为预热功率，W；φ_D 为保温功率，W；$\varphi_{损}$ 为损失功率，W。

在假定物质的比定压热容不随温度变化的情况下，式(3-13-12)可变换为：

$$\varphi_{预} + \varphi_D = q_m c_{p,H2} t_2 - q_m c_{p,H0} t_2 + G_c c_{p,m2} \theta_2 - G_c c_{p,m2} \theta_1 + \varphi_{损} \qquad (3\text{-}13\text{-}13)$$

式中，t_2 为湿空气离开干燥器时的温度，℃；t_0 为湿空气进入预热器前的温度，℃；$c_{p,m1}$，$c_{p,m2}$ 为进、出干燥器的湿物料的比定压热容，$J \cdot g$ 干物$^{-1} \cdot ℃^{-1}$；$c_{p,H0}$，$c_{p,H1}$，$c_{p,H2}$ 为进预热器前湿空气，进、出干燥器湿空气的比定压热容，$J \cdot g$ 干物$^{-1} \cdot ℃^{-1}$；θ_1，θ_2 为进、出干燥器时物料的温度，℃。

混合物质的比定压热容可以按加和原则计算：

$$c_{p,m} = c_{p,s} + c_{p,w} X_t \qquad (3\text{-}13\text{-}14)$$

$$c_{p,H} = c_{p,g} + c_{p,v} H \qquad (3\text{-}13\text{-}15)$$

式中，$c_{p,s}$ 为绝干物料的比定压热容，$J \cdot g$ 干物$^{-1} \cdot ℃^{-1}$；$c_{p,w}$ 为水的比定压热容，$J \cdot g$ 干物$^{-1} \cdot ℃^{-1}$；$c_{p,g}$ 为绝干空气的比定压热容，$J \cdot g$ 干物$^{-1} \cdot ℃^{-1}$；$c_{p,v}$ 为水蒸气的比定压热容，$J \cdot g$ 干物$^{-1} \cdot ℃^{-1}$；X_t 为 t 时刻物料量的干基含水量；H 为空气的湿度。

式(3-13-13)可以变换为下式：

$$\varphi_{预} + \varphi_D = G_c c_{p,m2}(\theta_1 - \theta_2) + q_m c_{p,H1}(t_2 - t_0) + G_W(r_0 + c_{p,v}t_2 - c_{p,w}\theta_1) + \varphi_{损} \quad (3\text{-}13\text{-}16)$$

式中，r_0 为水的汽化潜热，$J \cdot g^{-1}$。

式(3-13-16)中，$G_c c_{p,m2}(\theta_2 - \theta_1)$相当于物料温度升高带走的热量，用符号 φ_1 表示；$q_m c_{p,H1}(t_2 - t_0)$相当于原始空气经过干燥后带走的热量，用符号 φ_2 表示；$G_W(r_0 + c_{p,v}t_2 - c_{p,w}\theta_1)$为将湿物料中的水分汽化，由进口状态变为出口状态而消耗的热量，用符号 $\varphi_{蒸}$ 表示。

其中损失的热量为：

$$\varphi_{损} = \varphi_{入} - q_m(I_2 - I_0) - G_c(I'_2 - I'_1) \quad (3\text{-}13\text{-}17)$$

令 $\varphi_{入} = \varphi_{预} + \varphi_D$，则：

$$热量损失率 = \frac{\varphi_{损}}{\varphi_{入}} \times 100\% \quad (3\text{-}13\text{-}18)$$

3. 热效率 η

干燥过程中热量的有效利用程度是决定过程经济性指标的重要依据。干燥机理是将热空气的热量传给湿物料，使湿物料中的水分汽化，水蒸气随空气带走，需要消耗的热量为 $\varphi_{蒸}$，此过程必然使物料温度升高，此时需消耗的热量为 φ_1。这两部分消耗的热量是不可避免的，因此可将这两部分热量之和与输入热量的比值定义为热效率 η，用来描述干燥过程的经济性。令 $\varphi = \varphi_1 + \varphi_{蒸}$，则热效率 η 为：

$$\eta = \frac{\varphi_1 + \varphi_{蒸}}{\varphi_{入}} \times 100\% \quad (3\text{-}13\text{-}19)$$

4. 体积对流传热系数

在对流干燥过程中，$\varphi = \varphi_1 + \varphi_{蒸}$是过程的传热速率。相应的体积对流传热系数可以写为：

$$\alpha_v = \frac{\varphi}{V.\Delta t_m} (W \cdot m^{-3}/℃) \quad (3\text{-}13\text{-}20)$$

式中，V 为流化床干燥器有效容积，m^3；Δt_m 为传热平均温差，℃。

三、实验装置

1. 实验装置流程示意图(图3-13-1)

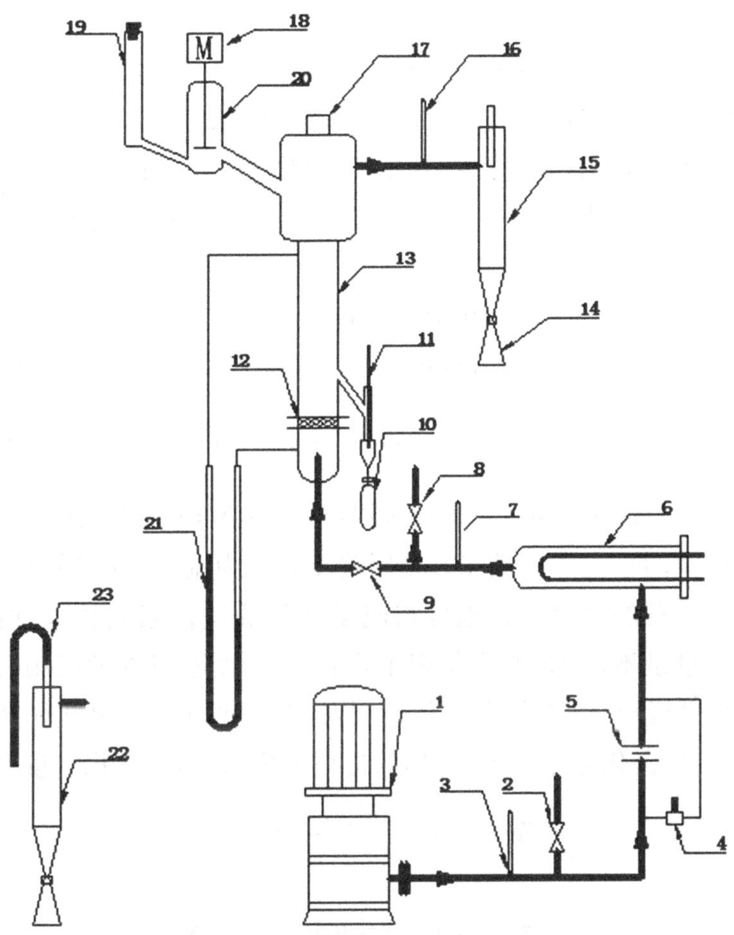

图3-13-1　流化床干燥实验流程示意图

1—旋涡气泵;2—旁路阀(空气流量调节阀);3—温度计(测气体进流量计前的温度);
4—压差计(测流量);5—孔板流量计;6—空气预热器(电加热器);7—空气进口温度计;
8—放空阀;9—进气阀;10—出料接收瓶;11—出料温度计;
12—分布板(30目不锈钢丝网);13—流化床干燥器(玻璃制品);14—粉尘接收瓶;
15—旋风分离器;16—干燥器出口温度计;17—取干燥器内剩料插口;
18—带搅拌器的直流电机(进固料用);19—原料(湿固料)瓶;20—进料瓶;
21—塔压差计;22—干燥器内剩料接收瓶;23—吸干燥器内剩料用的吸管(可移动)

2. 实验设备主要技术参数(表 3-13-1)

(1)流化床干燥器(玻璃制品)

流化床层直径 D:Φ80×2.5 mm;流化床气流分布器:30 目不锈钢丝网;

床层有效流化高度 h:100 mm(固料出口);总高度:530 mm。

(2)物料:变色硅胶:1.0～1.6 mm 粒径

每次实验用量:200～350 g(加水量 30～40 ml)

绝干料比热 $Cs=0.783$ kJ/kg·℃($t=57$℃)(查无机盐工业手册)

(3)空气流量测定:孔板流量计孔径 17.0 mm

测量时需进行校正,具体方法是流量计处的体积流量 V_0:

$$V_0 = C_0 A_0 \sqrt{\frac{2}{\rho}(P_1 - P_2)} \ (\mathrm{m^3/s}) \tag{3-13-21}$$

式中,C_0 为孔板流量计的流量系数,$C_0=0.67$;ρ 为空气在 t_0 时的密度,kg/m³;P_1-P_2 为流量计处压差,Pa;t_0 为流量计处的温度,℃。

若设备的气体进口温度与流量计处的气体温差较大,两处的体积流量是不同的(如流化床干燥器),此时体积流量需用气体状态方程进行校正(空气在常压下操作时通常使用理想气体状态方程)。例如流化床干燥器,气体的进口温度为 t_1,则体积流量 V_1 为:

$$V_1 = V \frac{273 + t_1}{273 + t} \ (\mathrm{m^3/h})$$

表 3-13-1　实验操作参考参数

实验操作对象		操作参数
空气	流量计压差读数 kPa	1～2 kPa 左右　视流化程度而定
	进口温度℃	60 左右
硅胶	颗粒直径 mm	0.8～1.6 mm
	水量 ml H_2O	500～600 g 物料中加 25～40 ml 水
	加料速度	直流电机电压不大于 12 V

四、实验方法及步骤

1. 从准备好的湿料中取出多于 10 g 的物料，拿去用快速水分测定仪（用户自备）测出干燥器的物料湿度 w_1。

2. 启动风机，调节流量到指定读数。接通预热器电源，将其电压逐渐升高到 100 V 左右加热空气。当干燥器的气体进口温度接近 60℃时，打开进气阀 9，关闭放空阀 8，调节阀 2 使流量计读数恢复至规定值。同时向干燥器通电，保温电压大小以在预热阶段维持干燥器出口温度接近于进口温度为准。

3. 启动风机后，在进气阀尚未打开前将湿物料倒入料瓶，准备好出料接收瓶。

4. 待空气进口温度（60℃）和出口温度基本稳定时记录有关数据，包括干、湿球湿度计的数值。启动直流电机，调速到指定值，开始进料。同时按下秒表记录进料时间，观察固粒的流化状况。

5. 加料后注意维持进口温度 t_1 不变、保温电压不变、气体流量计读数不变。

6. 操作到有固料从出料口连续溢流时按下秒表，记录出料时间。

7. 连续操作 30 分钟左右。此期间，每间隔 5 分钟记录相关数据，包括固料出口温度 θ_2。对数据进行处理时，取操作基本稳定后的多次记录数据的平均值。

8. 当结束干燥实验时，关闭直流电机旋钮停止加料，同时停秒表记录加料时间和出料时间，打开放空阀，关闭进气阀，切断加热和保温电源。

9. 将干燥器出口物料进行称量，测出湿度 w_2 值（方法同 w_1）。放下加料器内剩下的湿物料称重量，确定实际加料量和出料量。并用旋涡气泵吸气方法取出干燥器内剩余物料、称出重量。

10. 关停风机，一切复原(包括将所有固料都放在一个容器内)。

五、实验记录与数据处理

实验记录与数据处理如表 3-13-2 所示。

表 3-13-2 流化床干燥操作实验原始数据记录表

干燥器内径 D_1 = ______ mm；绝干硅胶比热 Cs = ______ kJ/kg·℃；

加料管内初始物料量 G_{01} = ______ g；加料时间 $\Delta\tau_1$ = ______ s；

加料管内剩余物料量 G_{11} = ______ g；

进干燥器物料的含水量 w_1 = ______ kg 水/kg 湿物料(快速水分测定仪读数)；

出干燥器物料的含水量 w_2 = ______ kg 水/kg 湿物料(快速水分测定仪读数)

名称		进料前	进料后	开始出料后间隔5分钟记录一次
流量压差计读数(kPa)				
风机吸入口	大气干球温度 t_0(℃)			
	大气湿球温度 t_w(℃)			
	相对湿度 φ			
干燥器进口温度 t_1(℃)				
干燥器出口温度 t_2(℃)				
进流量计前空气温度 t_0(℃)				
干燥器进口物料温度 θ_1(℃)				
干燥器出口物料温度 θ_2(℃)				
流化床层压差(mmH_2O)				
流化床层平均高度 h(mm)				
预热器加热电压显示值 V				
预热器电阻 Rp(Ω)				
干燥器保温电压显示值(V)				
干燥器保温电阻 Rd(Ω)				
加料电机电压(V)				

六、注意事项

1. 玻璃干燥器外壁带电，操作时严防触电，平时玻璃表面应保持洁净。

2. 实验前要整理好应记录的数据并绘制表格，掌握快速水分测定仪的正确使用方法，会正确测取固料进、出料水分湿含量。

3. 实验中风机旁路阀门不要全关。放空阀实验前后应全开，实验中应全关。

4. 加料直流电机电压控制不能超过 12 V。保温电压要缓慢升压。

5. 注意节约使用硅胶并严格控制加水量，水量不能过大，小于 0.5 mm 粒径的硅胶也可用来作为被干燥的物料，只是干燥过程中旋风分离器不易将细粉粒分离干净而被空气带出。

6. 本实验设备和管路均未严格保温，目的是便于观察流化床内颗粒干燥的过程，所以热损失比较大。

七、思考题

1. 试分析在其他条件不变的情况下，随空气温度增加，恒速段干燥速度、临界含水量 α 的变化。结果与理论分析是否一致？为什么？

2. 在恒速干燥阶段，α 的经验计算值（用 $\alpha = 0.0143L^{0.8}$ 计算）与 α 的实测值之间的误差及其来源是什么？

3. 试分析在实验装置中，将废气全部循环可能出现什么后果？

第 4 章　常用配套仪器设备及使用方法

4.1　概述

化工原理实验教学是化工原理课程理论联系实际的一个重要的教学环节。其教学目的不仅是使学生巩固和加深对化工原理理论教学内容的理解，而且是使学生在熟悉实验装置的基础上掌握一定的实验操作技能及实验数据处理技术。化工原理实验以单元操作为主，实验过程中需涉及一些常规仪器的使用，因此有必要介绍常规仪器的用途、原理结构、使用方法及注意事项。

4.2　常用仪器设备及使用方法

4.2.1　阿贝折光仪

1. 阿贝折光仪的应用

阿贝折光仪是测透明、半透明液体或固体的折射率（ND）和平均色散（NF-NC）的仪器。仪器接有恒温器，可测定温度为0℃～70℃内样品的折射率（ND），并能测出糖溶液内含糖量浓度的百分数。故此种仪器是石油工业、油脂工业、制药工业、造漆工业、食品工业、日用化学工业、制糖工业和地质勘察等有关工厂、教学及科研单位不可缺少的常用设备之一。

2. 阿贝折光仪的原理及结构

阿贝折光仪的基本原理为折射定律

$$n_1 sin\alpha_1 = n_2 sin\alpha_2 \tag{4-2-1}$$

式中，n_1，n_2 分别为相界面两侧介质的折射率；α_1，α_2 分别为入射角和折射角，见图 4-2-1。

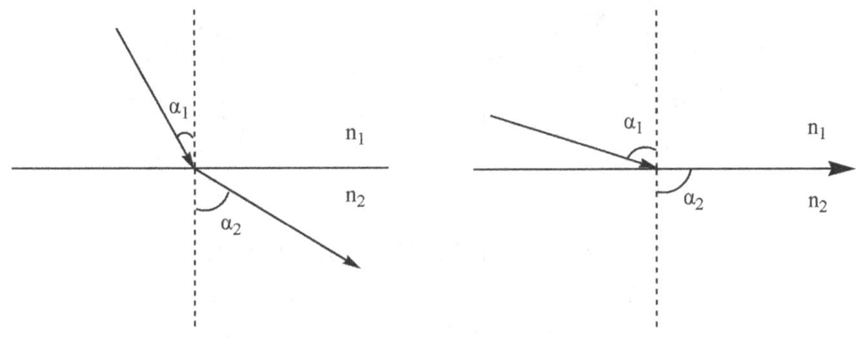

图 4-2-1 折射定律示意图

若光线从光密物质进入光疏物质(即 $n_1 > n_2$)，即入射角小于折射角，改变入射角，可使折射角达 90°，此时的入射角被称为临射角，本仪器测定折射率就是基于测定临界角的原理。如果用视镜观察光线，可以看到视场被分为明暗两部分，两者之间具有明显的分界线，明暗分解处即为临界角位置。

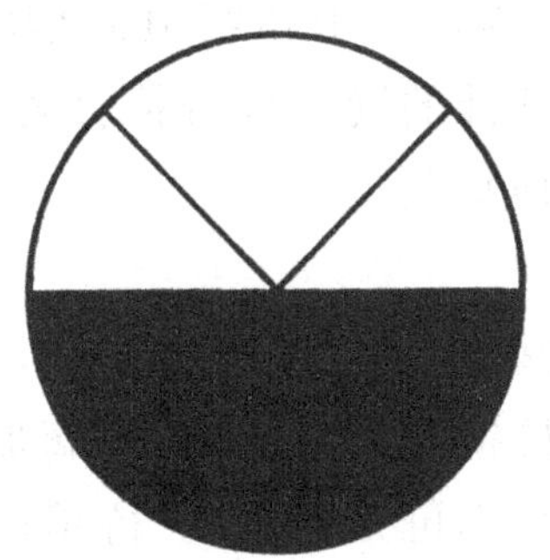

图 4-2-2 折光仪视场示意图

阿贝折光仪根据其读数方式，大致可分为单目镜式、双目镜式及数字式三类。虽然读数方式存在差异，但其原理及光学结构基本相同，以下仅以单目镜式为例加以说明，其结构如图4-2-3所示。

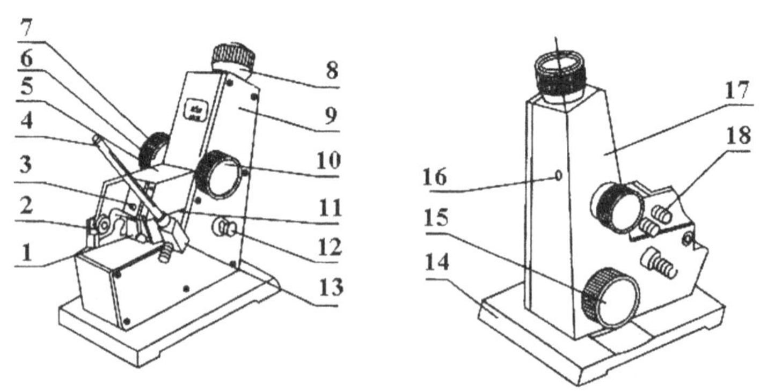

图 4-2-3　单目镜式阿贝折光仪的结构

1—反射镜；2—转轴；3—遮光板；4—温度计；5—进光棱镜座；6—色散调节手轮；7—色散值刻度圈；8—目镜；9—盖板；10—手轮；11—折射棱镜座；12—照明刻度盘座；13—温度计座；14—底座；15—刻度调节手轮；16—小孔；17—壳体；18—恒温器接头

3.阿贝折光仪的使用方法

(1)仪器安装

将阿贝折射仪安放在光亮处，但应避免阳光的直接照射，以免液体试样受热迅速蒸发。用超级恒温槽将恒温水通入棱镜夹套内，检查棱镜上温度计的读数是否符合要求[一般选用(20.0±0.1)℃或(25.0±0.1)℃]。

(2)加样

旋开测量棱镜和辅助棱镜的闭合旋钮，使辅助棱镜的磨砂斜面处于水平位置，若棱镜表面不清洁，可滴加少量丙酮，用擦镜纸顺单一方向轻擦镜面(不可来回擦)。待镜面洗净干燥后，用滴管滴加数滴试样于辅助棱镜的毛镜面上，迅速合上辅助棱镜，旋紧闭合旋钮。若液体易挥发，动作要迅速，或先将两棱镜闭合，然后用滴管从加液孔中注入试样(注意切勿将滴管折断在孔内)。

(3)调光

转动镜筒使之垂直,调节反射镜使入射光进入棱镜,同时调节目镜的焦距,使目镜中十字线清晰明亮。调节消色散补偿器使目镜中彩色光带消失。再调节读数螺旋,使明暗的界面恰好同十字线交叉处重合。

(4)读数

从读数望远镜中读出刻度盘上的折射率数值。常用的阿贝折射仪可读至小数点后的第四位,为了使读数准确,一般应将试样重复测量三次,每次相差不能超过 0.0002,然后取平均值。

4.阿贝折光仪的注意事项

阿贝折射仪是一种精密的光学仪器,使用时应注意以下几点。

①使用时要注意保护棱镜,清洗时只能用擦镜纸而不能用滤纸等。加试样时不能将滴管口触及镜面。对于酸碱等腐蚀性液体不得使用阿贝折射仪。

②每次测定时,试样不可加得太多,一般只需加 2～3 滴即可。

③要注意保持仪器清洁,保护刻度盘。每次实验完毕,要在镜面上加几滴丙酮,并用擦镜纸擦干。最后用两层擦镜纸夹在两棱镜镜面之间,以免镜面损坏。

④读数时,有时在目镜中观察不到清晰的明暗分界线,而是畸形的,这是由于棱镜间未充满液体;若出现弧形光环,则可能是由于光线未经过棱镜而直接照射到聚光透镜上。

⑤若待测试样折射率不在 1.3～1.7 范围内,则阿贝折射仪不能测定,也看不到明暗分界线。

4.2.2 红外水分快速测定仪

1. 红外水分快速测定仪的应用

红外水分快速测定仪可广泛应用于工矿企业、农业、科研机构等行业。能对化工原料、燃料、谷物、土壤、制药原料、纸张、食品、纺织原料、茶叶、饲料等样品所含的游离子水分进行快速测试。该仪器也是食品厂、饮用水厂办 QS、HACCP 认证中的必备检验设备。

2. 红外水分快速测定仪的原理及结构

水对一些特定波长的红外光表现出强烈的吸收特性，当用这些特定波长的红外光照射物料时，物料中所含的水就会吸收部分红外光的能量，含水越多吸收也越多，因此可测量反射光的减少量计算物料的水分。由于物料对红外线的反射率因其不同的吸收特性及杂散特性而异，若仅用水的吸收波长，物料的表面状态、颜色、结构等因素会干扰水分测量；为此采用三波长法，即一个被水强烈吸收的波长（测量波长）和两个被水吸收不太强的波长（参比波长），检测和计算这三个波长反射光的能量之比，即可消除其他因素对水分测量的干扰。光源发射的红外光穿过分光盘上的滤光片，经反射镜射向被测物料；分光盘上的不同滤光片只允许某一波长的红外光透过，分光盘在马达的驱动下高速旋转，使测量波长及参比波长的红外光交替射向被测物料；这些红外光有部分被物料吸收，部分反射到凹面聚光镜，被光电传感器接收并转换为电信号，由后续电路处理以计算出物料的水分。

3. 红外水分快速测定仪的使用方法

①测量时将定量样品放置在快速水分测定仪内部的天平秤盘上。

②打开天平和红外线加热装置。

③样品在红外线的直接辐射下,游离水分迅速蒸发,当试样物中的游离水分充分蒸发失重相对稳定后,即能通过快速水分测定的光学投影读数窗,直接读出试样物质含水率的百分比。

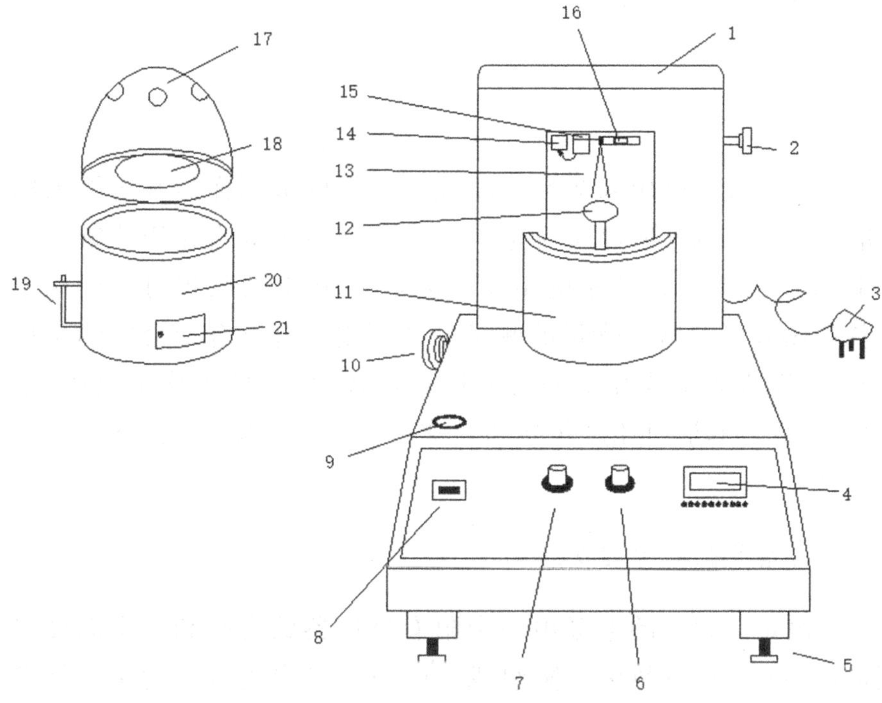

图 4-2-4　红外水分快速测定仪的结构

1—上盖板;2—零位微调按钮;3—电源插头;4—投影屏;5—垫脚;6—控温按钮;7—定时按钮;8—电源开关;9—水准器;10—天平开关按钮;11—下盖板;12—天平盘;13—指针;14—光源灯;15—微分标尺;16—物镜筒;17—红外线灯盖;18—红外线灯;19—温度计;20—干燥箱;21—干燥箱盖板

4. 红外水分快速测定仪的注意事项

①仪器应放置在安全位置,防止摔坏。避免剧烈震动。

②勿测有腐蚀性的气体。

③调节气体流量时,流量阀应缓慢打开,使流量指示在 0.5 L/min 左右。

④仪器使用前，应及时充电。充电时只须将电源线接入220 V插座，无需打开电源开关，仪器将自动充电，充电时间一般需要20个小时以上。

4.2.3 溶氧仪

1.溶氧仪的应用

溶氧仪可以用来测量现场或实验室内被测样品水溶液内的溶氧含量。氧气通过周围的空气、空气流动和光合作用溶解于水中，溶解氧是水的质量的主要指标之一，因此溶氧仪可广泛用于各种场合下的溶氧含量的测量。如可用来对氧含量会影响反应速度、流程效率或环境的流程进行监控；也可用于化工化肥、冶金、环保、制药、生化、食品和自来水等溶液中溶解氧值的连续监测。

2.溶氧仪的原理及结构

测定溶解氧的电极由一个附有感应器的薄膜和一个温度测量及补偿的内置热敏电阻组成。电极的可渗透薄膜为选择性薄膜，把待测水样和感应器隔开，水和可溶性物质不能透过，只允许氧气通过。当给感应器供应电压时，氧气穿过薄膜发生还原反应，产生微弱的扩散电流，通过测量电流值可测定溶解氧浓度。

氧能溶于水，溶解度取决于温度、水表面的总压、分压和水中溶解的盐类。大气压力越高，水溶解氧的能力就越大，其关系由亨利(Henry)定律和道尔顿(Dalton)定律确定，亨利定律认为气体的溶解度与其分压成正比。

氧量测量传感器由阴极(常用金和铂制成)和带电流的反电极(银)、无电流的参比电极(银)组成，电极浸没在电解质如KCl、KOH中，传感器有隔膜覆盖，覆膜将电极和电解质与被测量的液体分开，只有溶解气体能渗透覆膜，因此保护了传感器，既能防止电解质逸出，又可防止外来物质的侵入而导致污染和毒化。

向反电极和阴极之间施加极化电压，假如测量元件浸入在有溶解氧的水中，氧会通过隔膜扩散，出现在阴极上（电子过剩）的氧分子就会被还原成氢氧根离子[OH^-]。电化学当量的氯化银沉淀在反电极上（电子不足），对于每个氧分子，阴极放出 4 个电子，反电极接受电子，形成电流：

$$4Ag^+ + 4Cl^- = 4AgCl + 4e。$$

电流的大小与被测污水的氧的分压成正比，该信号连同传感器上热电阻测出的温度信号被送入变送器，利用传感器中存储的含氧量和氧分压、温度之间的关系曲线计算出水中的含氧量，然后转化成标准信号输出。参比电极的功能是确定阴极电位。

溶氧仪的结构见图 4-2-5。

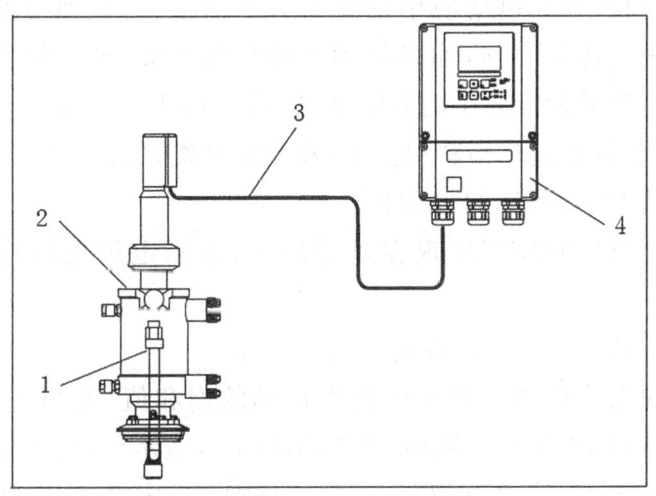

图 4-2-5　溶氧仪的结构

1—溶解氧传感器；2—可伸缩式安装支架；3—测量电缆；4—变送器

3. 溶氧仪的使用方法

（1）电极准备

所有新购买的溶解氧探头都是干燥的，使用之前必须加入电极填充液，再与仪器连接。

①按仪器说明书装配电极。

②在电极中加入电极填充液。

③将薄膜轻轻旋到电极上。

④用指尖轻击电极的边缘，确保电极内无气泡，为避免损坏薄膜，不要直接拍击薄膜的底部。

⑤确保橡胶O形环准确地位于膜盖内。

⑥将感应器面朝下，顺时针方向旋拧膜盖，一些电解液将会溢出。当不使用时，套上随机提供的薄膜保护盖。

(2)电极极化校准过程

电极在处于大约800 mV固定电压的强度下极化。电极极化对测量结果的重现性是很重要的，随着电极被适当地极化，通过感应器膜的氧气将溶解于电极中的电解液，并被不断地消耗。如果极化过程中断，电解质中的氧就会不断增加，直到与外部溶液中的溶解氧达到平衡，如果使用未极化的电极，测量值将是外部溶液和电解质的溶质中溶解氧之和，这个结果是错误的。在电极极化时，要盖上白色塑料保护盖(在校准和测量时去掉)。

①按ON/OFF，打开仪器。

②字母“COND”出现在显示屏上，表示电极进行自动调整(极化)。

③等待20分钟，确保电极达到稳定。

④仪器将自动使自身极化为精确的饱和值，大约1分钟后，显示屏将显示“100%”和小字“SAMPLE”，表示极化校准已完成。注：当电极、薄膜或电解液发生变化时，一定要重新进行极化校准。

⑤如果在校准过程中，想要退出校准模式，再次按下CAL键即可。

⑥按RANGE键，可将仪器从饱和百分比(%)转换到mg/L状态(不须再重新校准)。

(3)样品测量

仪器校准完毕后，将电极浸入被测水样中，同时确保温度感应部分也浸入水样中，如果要显示饱和百分比(%)，按 RANGE 键转换到饱和百分比(%)状态。为进行精确的溶解氧测量，要求水样的最小流速为 0.3 m/s，水流将会提供一个适当的循环，以保证消耗的氧持续不断得到补充。当液体静止时，不能得到正确的结果。在进行野外测量时，可用手平行摇动电极进行。在实验室进行测量时，建议使用磁力搅拌器，以保证水样有一个固定的流速(有些仪器的电极带有搅拌器，打开即可)。这样就可将由空气中的氧气扩散到水样中引起的误差减少到最小。在每次测量过程中，电极和被检测水样之间必须达到热平衡，这个过程需要一定的时间(如果温差只有几度，一般需几分钟)。

4. 溶氧仪的注意事项

①mg/L 状态下可以直接以 mgm(ppm)为单位读取溶解氧的浓度。

②氧的饱和百分比读数(%)表示的是氧气的饱和比率，以 1 个大气压下氧的饱和百分比为 100%参照。

③温度读数：显示屏的右下部显示的是所测得水样的温度，在进行测量之前，电极必须达到热平衡。热平衡一般需要几分钟，环境与样品的温差越大，需要的时间越长。

4.2.4　电子天平

1. 电子天平的应用

电子天平主要用于固体、液体质量的精确称量。在化工、冶金、环保、制药、生化、食品等方面具有广泛的用途。

2. 电子天平的原理及结构

电子分析天平多采用电磁平衡的原理。称盘与通电线圈相接连，置于磁场中，当被称物置于称盘后，因重力向下，线圈上就会产生一个电磁力，与重力大小相等方向相反。传感器输出电信号，由此产生的电信号通过模拟系统后，将被称物体的质量显示出来。因此具有称量速度快，精度高的特点。

由于电子天平的支承点用弹性簧片，取代机械天平的玛瑙刀口，用差动变压器取代升降枢装置，用数字显示代替指针刻度式。因而，电子天平具有使用寿命长、性能稳定、操作简便和灵敏度高的特点。此外，电子天平还具有自动校正、自动去皮、超载指示、故障报警等功能以及具有质量电信号输出功能，且可与打印机、计算机联用，进一步扩展其功能，如统计称量的最大值、最小值、平均值及标准偏差等。由于电子天平具有机械天平无法比拟的优点，尽管其价格较贵，但也会越来越广泛地应用于各个领域并逐步取代机械天平。

电子天平的结构见图 4-2-6。

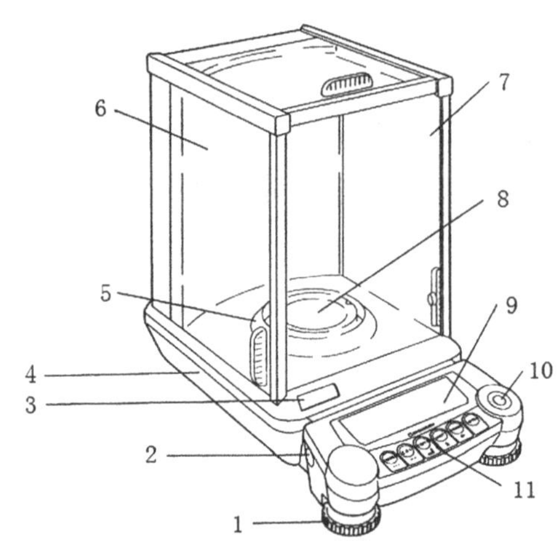

图 4-2-6 电子天平的结构

1—水平调整螺丝；2—封印；3—标牌；4—主体；5—防对流圈；6—称量室；7—玻璃门；8—称量盘；9—显示器；10—水准仪；11—按键开关部

3. 电子天平的使用方法

①水平调节。观察水平仪，如水平仪水泡偏移，需调整水平

调节脚，使水泡位于水平仪中心。

②预热。接通电源，预热至规定时间后，开启显示器进行操作。

③开启显示器。轻按 ON 键，显示器全亮，约 2 秒后，显示天平的型号，然后是称量模式 0.0000 g。读数时应关上天平门。

④天平基本模式的选定。天平通常为“通常情况”模式，并具有断电记忆功能。使用时若改为其他模式，使用后一经按 OFF 键，天平即恢复通常情况模式。称量单位的设置等可按说明书进行操作。

⑤校准。天平安装后，第一次使用前，应对天平进行校准。因存放时间较长、位置移动、环境变化或未获得精确测量，天平在使用前一般都应进行校准操作。本天平采用外校准（有的电子天平具有内校准功能），由 TAR 键清零及 CAL 减、100 g 校准砝码完成。

⑥称量。按 TAR 键，显示为零后，置称量物于称盘上，待数字稳定即显示器左下角的“0”标志消失后，即可读出称量物的质量值。

⑦去皮称量。按 TAR 键清零，置容器于称盘上，天平显示容器质量，再按 TAR 键，显示零，即去除皮重。再置称量物于容器中，或将称量物（粉末状物或液体）逐步加入容器中直至达到所需质量，待显示器左下角“0”消失，这时显示的是称量物的净质量。将称盘上的所有物品拿开后，天平显示负值，按 TAR 键，天平显示 0.0000 g。若称量过程中称盘上的总质量超过最大载荷（FA1604 型电子天平为 160 g）时，天平仅显示上部线段，此时应立即减小载荷。

⑧称量结束后，若较短时间内还使用天平（或其他人还使用天平）一般不用按 OFF 键关闭显示器。实验全部结束后，关闭显示器，切断电源，若短时间内（如 2 小时内）还使用天平，可不必切断电源，再用时可省去预热时间。

4.电子天平的注意事项

①不可在开机状态清扫天平。
②不可称重量超过其称量范围的物体。
③使用时应小心操作,天平台面不可振动。
④校准天平时,应在教师指导下操作。
⑤天平不可摆放在空调口。
⑥帮助或运输天平时,应将称盘取下。

4.2.5 烘箱

1.烘箱的应用

烘箱也称为干燥箱,用途十分广泛,主要适用于烘烤有化学性气体及食品加工行业的欲烘烤物品、基板应力的去除、油墨的固化、漆膜的烘干等。广泛使用于电子、电机、通信、电镀、塑料、五金化工、食品、印刷、制药、粉体材料、喷涂、玻璃、陶瓷、木器建材等的精密烘烤、烘干、回火、预热、定型、加工等。

2.烘箱的原理及结构

通过数显仪表与温感器的连接来控制温度,采用热风循环送风方式,将热风送至风道后进入烘箱工作室,且将使用后的空气吸入风道成为风源再度循环加热运用,如此可有效提高温度均匀性。如箱门使用中被开关,可借此送风循环习题迅速恢复操作状态温度值。

烘箱外壳一般采用薄钢板制作,表面烤漆,工作室采用优质的结构钢板制作。外壳与工作室之间填充硅酸铝纤维。加热器一般安装在底部,也可安装在顶部或者两侧。温度控制仪表采用数显智能表,PID 调节,配置 999.99 小时的时间控制器并与报警装置相连接,使干燥器的操作更简便、快捷与有效。烘箱的结构见图 4-2-7。

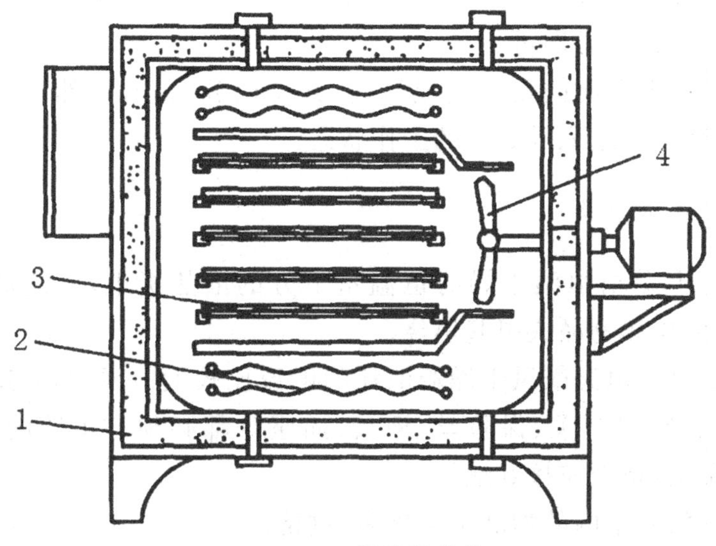

图 4-2-7　烘箱的结构

1—保温层;2—电加热;3—料盘;4—风扇

3. 使用方法

①操作者应熟悉该设备的性能及结构,取得操作资格证后方可进行操作。

②把需干燥固化处理的工件放入干燥箱内,上下四周应留存一定空间,保持工作室内气流畅通,关好干燥箱门。

③根据干燥固化物品情况,把风门调节旋钮旋到合适位置。

④打开电源及风机开关。此时电源指示灯亮,电机运转。控温仪表显示经过“自检”过程后,“PV”屏应显示工作室内测量温度,“SV”屏应显示使用中需干燥的设定温度,此时干燥箱即进入工作状态。

⑤按一下“L”键,此时“SV”屏显示“5P”,用↑或↓改变原“SV”屏显示的温度值,直至达到需要值为止。设置完毕后,按一下“SET”键,“PV”显示“5T”,进入定时功能。若不使用定时功能则再按一下“SET”键,使“PV”屏显示测量温度,“SV”屏显示设定

温度即可。若使用定时,则当“PV”屏显示“5T”时,“SV”屏显示“0”,用加减键设定所需时间,设置完毕,按一下SET键,使干燥箱进入工作状态即可。

⑥将温度时间设定完成后,打开箱门放入产品,然后关闭箱门压紧锁扣,进入设定好的工作状态。

4.注意事项

①干燥箱恒温干燥时恒温室下方的散热板上,不能放置物品,以免烤坏物品或引起燃烧。

②电热恒温鼓风干燥箱消耗的电流比较大。因此,它所用的电源线、闸刀开关、保险丝、插头、插座等都必须有足够的容量。为了安全,箱壳应接好地线。

③放入箱内的物品不应过多、过挤。

④严禁把易燃、易爆、易挥发的物品放入箱内,以免发生事故。

⑤对玻璃器皿进行高温干热灭菌时,须等箱内温度降低之后才能开门取出,以免玻璃骤然遇冷而炸裂。

⑥如果需要观察恒温室内的物品,可打开外门,隔着内玻璃门进行观察。开门次数不宜过多,以免影响恒温。

⑦每台工业烤箱附有试品搁板两块。搁板每块平均负荷为15 kg,放置试品时切勿过密与超载,以免影响热空气对流。

⑧切勿把本机箱体放在含酸、含碱的腐蚀环境中,以免破坏电子部件。

附　录

附录1　法定计量单位及单位换算

1. 基本单位

量的名称	单位名称	符号	量的名称	单位名称	符号
长度	米	m	热力学温度	开尔文	k
质量	千克(公斤)	kg	物质的量	摩尔	mol
时间	秒	s	光强度	坎德拉	cd
电流	安培	A			

2. 常用物理量单位及量纲

物理量	符号(名称)	单位	物理量	符号(名称)	单位
质量	m	kg	黏度	μ	kg/(m·s)
力(重量)	N(牛顿)	$kg\cdot m/s^2$	功/能/热	J(焦耳)	$kg\cdot m^2/s^2$
压强(压力)	Pa(帕斯卡)	$kg/(m\cdot s^2)$	功率	W(瓦特)	$kg\cdot m^2/s^3$
密度	ρ	kg/m^3			

3. 基本常数与单位

名称	符号	数值
重力加速度	g	$9.80665\ m/s^2$

续表

名称	符号	数值
玻尔兹曼常数	N	1.38044×10^{-25} J/K
气体常数	R	8.314 kJ/(kmol·K)
气体标准比容	V_0	22.4136 m^3/kmol
阿伏伽德罗常数	N	6.02296×10^{23} mol^{-1}
斯蒂芬-玻尔兹曼常数	σ	5.669×10^{-8} W/(m^2·K^4)
光速(真空中)	c	2.997930×10^{8} m/s

4.常用物理量单位的换算

(1)质量

kg	t(吨)	lb(磅)
1	0.001	2.20462
1000	1	2204.62
0.4536	4.536×10^{-4}	1

(2)长度

m	in(英寸)	ft(英尺)	yd(码)
1	39.3701	3.2808	1.09361
0.025400	1	0.073333	0.02778
0.30480	12	1	0.33333
0.9144	36	3	1

(3)力

N	kg(力)	lb(力)	dyn(达因)
1	0.102	0.2248	1×10^{3}
9.80665	1	2.2046	9.80665×10^{5}
4.448	0.4536	1	4.448×10^{3}
1×10^{-5}	1.02×10^{-6}	2.248×10^{-6}	1

(4)压力

Pa	bar	kgf/cm	atm	mmH_2O	mmHg	lb/in
1	1×10^{-5}	1.02×10^{-5}	0.99×10^{-5}	0.102	0.0075	14.5×10^{-5}
1×10^{5}	1	1.02	0.9869	10197	750.1	14.5
98.07×10^{3}	0.9807	1	0.9678	1×10^{4}	735.56	14.2
1.01325×10^{5}	1.013	1.0332	1	1.0332×10^{4}	760	14.697
9.807	9.807×10^{-5}	0.0001	0.9678×10^{-4}	1	0.0736	1.423×10^{-3}
133.32	1.333×10^{-3}	0.136×10^{-2}	0.00132	13.6	1	0.01934
6894.8	0.06895	0.0703	0.068	703	51.71	1

(5)动力黏度(简称黏度)

Pa·s	P	cP	lb/(ft·s)	kgf·s/m
1	10	1×10^{3}	0.672	0.102
1×10^{-1}	1	1×10^{2}	0.06720	0.0102
1×10^{-3}	0.01	1	6.720×10^{-4}	0.102×10^{-3}
1.4881	14.881	1488.1	1	0.1519
9.81	98.1	9810	6.59	1

(6)运动黏度

m^2/s	cm^2/s	ft^2/s
1	1×10^{4}	10.76
10^{-4}	1	1.076×10^{-3}
92.9	929	1

注:cm^2/s 又称斯托克斯,简称斯,以 St 表示,斯的百分之一为里斯,以 cSt 表示。

(7)功、能和热

J	kgf·m	kW·h	hp·h(英制)	kJ	英热单位	ft·lb
1	0.102	2.778×10^{-7}	3.725×10^{-7}	2.39×10^{-4}	9.48×10^{-4}	0.7377

续表

J	kgf·m	kW·h	hp·h(英制)	kJ	英热单位	ft·lb
9.8067	1	2.724×10^{-6}	3.653×10^{-6}	2.34×10^{-3}	9.29×10^{-3}	7.233
3.6×10^{6}	3.671×10	1	1.3410	860.0	3413	2655×10^{3}
2.685×10^{6}	273.8×10^{3}	0.7457	1	641.33	2544	1980×10^{3}
4.186×10^{3}	426.9	1.162×10^{-3}	1.557×10^{-3}	1	3.963	3087
1.3558	0.1383	0.376×10^{-6}	0.505×10^{-6}	3.23×10^{-4}	1.28×10^{-3}	1

(8)功率

W	kgf·m/s	ft·lb/s	hp(英制)	kJ/s	英热单位/s
1	0.101971	0.7376	1.341×10^{-3}	0.2389×10^{-3}	0.9486×10^{-3}
9.8067	1	7.23314	0.01315	0.2342×10^{-2}	0.9293×10^{-2}
1.3558	0.13825	1	0.0018182	0.3238×10^{-3}	0.1285×10^{-2}
745.69	76.0388	550	1	0.17803	0.70675
4186.8	426.85	3088.44	5.6135	1	3.9683
1055	107.58	778.168	1.4148	0.251996	1

注:1 kW=1000 W=1000 J/s=1000 N·m/s

(9)比热容

kJ/(kg·℃)	kcal/(kg·℃)	英热单位/(lb·℉)
1	0.2389	0.2389
4.1868	1	1

(10)热导率

W/(m·℃)	J/(cm·s·℃)	cal/(cm·s·℃)	kcal/(m·h·℃)	英热单位/(ft·h·℉)
1	1×10^{-2}	2.389×10^{-3}	0.8589	0.578
1×10^{2}	1	0.2389	86.0	57.79
418.6	4.186	1	360	241.9

续表

W/(m·℃)	J/(cm·s·℃)	cal/(cm·s·℃)	kcal/(m·h·℃)	英热单位/(ft·h·℉)
1.163	0.0116	0.2778×10^{-2}	1	0.6720
1.73	0.01730	0.4134×10^{-2}	1.488	1

(11)传热系数

W/(m^2·℃)	kcal/(cm^2·h·℃)	cal/(cm^2·s·℃)	英热单位/(ft^2·h·℉)
1	0.86	2.389×10^{-5}	0.176
1.163	1	2.778×10^{-5}	0.2048
4.18×10^4	3.6×10^4	1	7374
5.678	4.882	1.356×10^{-4}	1

(12)温度

$t/℃=(t/℉-32)\times5/9$，$t/℉=t/℃\times9/5+32$，$t/K=273.3+t/℃$，$t/°R=460+t/℉$，$t/K=t/°R\times5/9$

(13)温度差

$t/℃=9/5\times t/℉$，$t/K=9/5\times t/°R$

(14)气体常数

$$R=8135\ J(kmol\cdot K)=848\ kg\cdot m^2/(kmol\cdot K)$$
$$=82.06\ atm\cdot cm^2/(kmol\cdot K)$$
$$=1.987\ kcal/(kmol\cdot K)$$

(15)扩散系数

m^2/s	cm^2/s	m^2/h	$ft^2\cdot h$	$in^2\cdot s$
1	10^4	3600	3.875×10^4	1550
10^{-4}	1	0.360	3.875	0.1550
2.778×10^{-4}	2.778	1	10.764	0.4306
0.2581×10^{-4}	0.2581	0.09290	1	0.040
6.452×10^{-4}	6.452	2.323	25.0	1

附录 2　化工原理实验常用物性数据表

1. 干空气物理性质表(101.33 kPa)

温度/℃	密度/(kg/m^3)	比热容/[kJ/(kg·℃)]	热导率 λ/[$\times 10^2$ W/(m·℃)]	黏度 μ/$\times 10^5$ Pa·s	普朗特数 Pr
−50	1.584	1.013	2.035	1.46	0.728
−40	1.515	1.013	2.117	1.52	0.728
−30	1.453	1.013	2.198	1.57	0.723
−20	1.395	1.009	2.279	1.62	0.716
−10	1.342	1.009	2.360	1.67	0.712
0	1.293	1.009	2.442	1.72	0.707
10	1.247	1.009	2.512	1.77	0.705
20	1.205	1.013	2.593	1.81	0.703
30	1.165	1.013	2.675	1.86	0.701
40	1.128	1.013	2.756	1.91	0.699
50	1.093	1.017	2.826	1.96	0.698
60	1.060	1.017	2.896	2.01	0.696
70	1.029	1.017	2.966	2.06	0.694
80	1.000	1.022	3.047	2.11	0.692
90	0.972	1.022	3.128	2.15	0.690
100	0.946	1.022	3.210	2.19	0.688
120	0.898	1.026	3.338	2.29	0.686
140	0.854	1.026	3.489	2.37	0.684
160	0.815	1.026	3.640	2.45	0.682

续表

温度/℃	密度/(kg/m³)	比热容/[kJ/(kg·℃)]	热导率 λ/[×10² W/(m·℃)]	黏度 μ/×10⁵ Pa·s	普朗特数 Pr
180	0.779	1.034	3.780	2.53	0.681
200	0.746	1.034	3.931	2.60	0.680
250	0.674	1.043	4.268	2.74	0.677
300	0.615	1.047	4.605	2.97	0.674
350	0.566	1.055	4.908	3.14	0.676
400	0.524	1.068	5.210	3.31	0.678
500	0.456	1.072	5.745	3.62	0.687
600	0.404	1.089	6.222	3.91	0.699
700	0.362	1.102	6.711	4.18	0.706
800	0.329	1.114	7.176	4.43	0.713
900	0.301	1.127	7.630	4.67	0.717
1000	0.277	1.139	8.071	4.90	0.719
1100	0.257	1.152	8.502	5.12	0.722
1200	0.239	1.164	9.153	5.35	0.724

2.水的物理性质

温度/℃	饱和蒸汽压/kPa	密度/(kg/m³)	焓/[kJ/(kg·℃)]	比热容/[kJ/(kg·℃)]	导热系数 λ/×10⁻²W/(m·℃)]	黏度 μ ×10⁻⁵ Pa·s	体积膨胀系数 β/×10⁻⁴℃⁻¹	表面张力 σ/(×10⁻³ N/m)	普朗特数 Pr
0	0.6082	999.9	0	4.212	55.13	179.21	−0.63	77.1	13.66
10	1.2262	999.7	42.04	4.191	57.45	130.77	+0.70	75.6	9.52
20	2.3346	998.2	83.90	4.183	59.89	100.50	1.82	74.1	7.01
30	4.2474	995.7	125.69	4.174	61.76	80.07	3.21	72.6	5.42

续表

温度/℃	饱和蒸汽压/kPa	密度/(kg/m³)	焓/[kJ/(kg·℃)]	比热容/[kJ/(kg·℃)]	导热系数λ/×10^{-2}W/(m·℃)]	黏度μ ×10^{-5} Pa·s	体积膨胀系数β/×10^{-4}℃$^{-1}$	表面张力σ/(×10^{-3} N/m)	普朗特数Pr
40	7.3766	992.2	167.51	4.174	63.38	65.60	3.87	71.0	4.32
50	12.34	988.1	209.30	4.174	64.78	54.94	4.49	69.0	3.54
60	19.923	983.2	251.12	4.178	65.94	46.88	5.11	67.5	2.98
70	31.164	977.8	292.99	4.178	66.76	40.61	5.70	65.6	2.54
80	47.375	971.8	334.94	4.195	67.45	35.65	6.32	63.8	2.12
90	70.136	965.3	376.98	4.208	67.98	31.65	6.95	61.9	1.96
100	101.33	958.4	419.10	4.220	68.04	28.38	7.52	60.0	1.76
110	143.31	951.0	461.34	4.233	68.27	25.89	8.08	58.0	1.61
120	198.64	943.1	503.67	4.250	68.50	23.73	8.64	55.9	1.47
130	270.25	934.8	546.38	4.266	68.50	21.77	9.17	53.9	1.36
140	361.47	926.1	589.08	4.287	68.27	20.10	9.72	51.7	1.26
150	476.24	917.0	632.20	4.312	68.38	18.63	10.3	49.6	1.18
160	618.28	907.4	675.33	4.346	68.27	17.36	10.7	47.5	1.11
170	792.59	897.3	719.297	4.379	67.92	16.28	11.3	46.2	1.05
180	1003.5	886.9	763.25	4.417	67.45	15.30	11.9	43.1	1.00
190	1255.6	876.0	807.63	4.460	66.99	14.42	12.6	40.8	0.96
200	1554.77	863.0	852.43	4.505	66.29	13.63	13.3	38.4	0.93
210	1917.72	852.8	897.65	4.555	65.48	13.04	14.1	36.1	0.91
220	2320.88	840.3	943.70	4.614	64.55	12.46	14.8	33.8	0.89
230	2798.59	827.3	990.18	4.681	63.73	11.97	15.9	31.6	0.88
240	3347.91	813.6	1037.49	4.756	62.80	11.47	16.8	29.1	0.87
250	3977.67	799.0	1085.64	4.844	61.76	10.98	18.1	26.7	0.86
260	4693.75	784.0	1135.04	4.949	60.48	10.59	19.7	24.2	0.87

续表

温度/℃	饱和蒸汽压/kPa	密度/(kg/m³)	焓/[kJ/(kg·℃)]	比热容/[kJ/(kg·℃)]	导热系数λ/×10⁻²W/(m·℃)]	黏度μ×10⁻⁵Pa·s	体积膨胀系数β/×10⁻⁴℃⁻¹	表面张力σ/(×10⁻³N/m)	普朗特数Pr
270	5503.99	767.0	1185.28	4.070	59.96	10.20	21.6	21.9	0.88
280	6417.24	750.7	1236.28	5.229	57.45	9.81	23.7	19.5	0.89
290	7443.29	732.3	1289.95	5.485	55.82	9.42	26.2	17.2	0.93
300	8592.94	712.5	1344.80	5.736	53.96	9.12	29.2	14.7	0.97
310	9877.96	691.1	1402.16	6.071	52.34	8.83	32.9	12.3	1.02
320	11300.3	667.1	1462.03	6.573	50.59	8.53	38.2	10.0	1.11
330	12879.6	640.2	1526.10	7.243	48.73	8.14	43.3	7.82	1.22
340	14615.8	610.1	1594.75	8.164	45.71	7.75	53.4	5.78	1.38
350	16538.5	574.4	1671.37	9.504	43.03	7.26	66.8	3.89	1.60
360	18667.1	528.0	1761.39	13.984	39.54	6.67	109	2.06	2.36
370	21040.9	450.5	1892.43	40.319	33.73	5.65	264	0.48	6.08

3.饱和水蒸气表(按温度顺序排列)

温度℃	绝对压强		蒸汽密度kg/m³	焓				汽化热	
				液体		蒸汽			
	kgf/cm²	kPa		kcal/kg	kJ/kg	kcal/kg	kJ/kg	kcal/kg	kJ/kg
0	0.0062	0.6082	0.00484	0.0	0.00	595.0	2491.1	595.0	2491.1
5	0.0089	0.8730	0.00680	5.0	20.94	597.3	2500.8	592.3	2479.9
10	0.0125	1.2262	0.00940	10.0	41.87	599.6	2510.4	589.6	2468.5
15	0.0174	1.7068	0.01283	15.0	62.80	602.0	2520.5	587.0	2457.7
20	0.0238	2.3346	0.17190	20.0	83.74	604.3	2530.1	584.3	2446.3
25	0.0323	3.1684	0.23040	25.0	104.17	606.6	2539.7	581.6	2435.0

续表

温度 ℃	绝对压强		蒸汽密度 kg/m³	焓				汽化热	
				液体		蒸汽			
	kgf/cm²	kPa		kcal/kg	kJ/kg	kcal/kg	kJ/kg	kcal/kg	kJ/kg
30	0.0433	4.2474	0.03036	30.0	125.60	608.9	2549.3	578.9	2423.7
35	0.0573	5.6207	0.03960	35.0	146.54	611.2	2559.0	576.2	2412.4
40	0.0752	7.3766	0.05114	40.0	167.47	613.5	2568.6	573.5	2401.1
45	0.0977	9.5837	0.06543	45.0	188.41	615.7	2577.8	570.7	2389.4
50	0.1258	12.340	0.08300	50.0	209.34	618.0	2587.4	568.0	2378.1
55	0.1605	15.743	0.1043	55.0	230.27	620.2	2596.7	566.2	2366.4
60	0.2031	19.923	0.1301	60.0	251.21	622.5	2606.3	562.0	2355.1
65	0.2550	25.014	0.1611	65.0	272.14	624.7	2615.5	559.7	2343.4
70	0.3177	31.164	0.1979	70.0	293.08	626.8	2624.3	556.8	2331.2
75	0.393	38.551	0.2416	75.0	314.01	629.0	2633.5	554.0	2319.5
80	0.483	47.379	0.2929	80.0	334.94	631.1	2642.3	551.2	2307.8
85	0.590	57.875	0.3531	85.0	355.88	633.2	2651.1	548.2	2295.2
90	0.715	70.136	0.4229	90.0	376.81	635.3	2659.9	545.3	2283.1
95	0.862	84.556	0.5039	95.0	397.75	637.4	2668.7	542.4	2270.9
100	1.033	101.33	0.5970	100.0	418.68	639.4	2677.0	539.4	2258.4
105	1.232	120.85	0.7036	105.1	440.03	641.3	2685.0	536.3	2245.4
110	1.461	143.31	0.8254	110.1	460.97	643.3	2693.3	533.1	2232.0
115	1.724	169.11	0.9635	115.2	482.32	645.2	2701.3	530.0	2219.0
120	2.025	198.64	1.1199	120.3	503.67	647.0	2708.9	526.7	2205.2
125	2.367	232.19	1.296	125.4	525.02	648.8	2716.4	523.5	2191.8
130	2.755	270.25	1.494	130.5	546.38	650.6	2723.9	520.1	2177.6
135	3.192	313.11	1.715	135.6	567.73	652.3	2731.0	516.7	2163.3
140	3.685	361.47	1.962	140.7	589.08	653.9	2737.7	513.2	2148.7

续表

温度 ℃	绝对压强		蒸汽密度 kg/m³	焓				汽化热	
	kgf/cm²	kPa		液体		蒸汽		kcal/kg	kJ/kg
				kcal/kg	kJ/kg	kcal/kg	kJ/kg		
145	4.238	415.72	2.238	145.9	610.85	655.5	2744.4	509.7	2134.0
150	4.855	476.24	2.543	151.0	632.21	657.0	2750.7	506.0	2118.5
160	6.303	618.28	3.252	161.4	675.75	659.9	2762.9	498.5	2087.1
170	8.080	792.59	4.113	171.8	719.29	662.4	2773.3	490.6	2054.0
180	10.23	1003.5	5.145	182.3	763.25	664.6	2782.5	482.3	2019.3
190	12.80	1255.6	6.378	192.9	807.64	666.4	2790.1	473.5	1982.4
200	15.85	1554.8	7.840	203.5	852.01	667.7	2795.5	464.2	1943.5
210	19.55	1917.7	9.567	214.3	897.23	668.6	2799.3	454.4	1902.5
220	23.66	2320.9	11.60	225.1	942.45	669.0	2801.0	443.9	1858.5
230	28.53	2798.6	13.98	236.1	988.50	668.8	2800.1	432.7	1811.6
240	34.13	3347.9	16.76	247.1	1034.56	668.0	2796.8	420.8	1761.8
250	40.55	3977.7	20.01	258.3	1081.45	664.0	2790.1	408.1	1708.6
260	47.85	4693.8	23.82	269.6	1128.76	664.2	2780.9	394.5	1651.7
270	56.11	5504.0	28.27	281.1	1176.91	661.2	2768.3	380.1	1591.4
280	65.42	6417.2	33.47	292.7	1225.48	657.3	2752.0	364.6	1526.5
290	75.88	7443.3	39.60	304.4	1274.46	652.6	2732.3	348.1	1457.4
300	87.6	8592.9	46.93	316.6	1325.54	646.8	2708.0	330.2	1382.5
310	100.7	9878.0	55.59	329.3	1378.71	640.1	2680.0	310.8	1301.3
320	115.2	11300.3	65.95	343.0	1436.07	632.5	2648.2	289.5	1212.1
330	131.3	12879.6	78.53	357.5	1446.78	623.5	2610.5	266.6	1116.2
340	149.0	14615.8	93.98	373.3	1562.93	613.5	2568.6	240.2	1005.7
350	168.6	16538.5	113.2	390.8	1636.20	601.1	2516.7	210.3	880.5
360	190.3	18667.1	139.6	413.0	1729.15	583.4	2442.6	170.3	713.0

续表

温度 ℃	绝对压强		蒸汽密度 kg/m^3	焓				汽化热	
				液体		蒸汽			
	kgf/cm^2	kPa		kcal/kg	kJ/kg	kcal/kg	kJ/kg	kcal/kg	kJ/kg
370	214.5	21040.9	171.0	451.0	1888.25	549.8	2301.9	908.2	411.1
374	225.0	22070.9	322.6	501.1	2098.00	501.1	2098.0	0.0	0.0

4.常压下乙醇-水的气液平衡数据

液相组成		气相组成		沸点(℃)
乙醇质量百分数	乙醇摩尔百分数	乙醇质量百分数	乙醇摩尔百分数	
0.01	0.004	0.13	0.053	99.9
0.1	0.04	1.3	0.51	99.8
0.25	0.055	1.95	0.77	99.7
0.3	0.08	2.6	1.06	99.6
0.4	0.12	3.8	1.57	99.5
0.5	0.16	4.9	1.98	99.4
0.6	0.19	6.1	2.48	99.3
0.7	0.23	7.1	2.8	99.2
0.8	0.27	8.1	3.33	99.1
0.9	0.31	9	3.75	99.0
0.95	0.35	9.9	4.12	98.9
1	0.39	10.1	4.21	98.75
2	0.79	19.7	8.76	97.65
3	1.19	27.2	12.75	96.65
4	1.61	33.3	16.34	95.8
5	2.01	37	18.68	94.95

续表

液相组成		气相组成		沸点(℃)
乙醇质量百分数	乙醇摩尔百分数	乙醇质量百分数	乙醇摩尔百分数	
6	2.43	41	21.45	94.15
7	2.36	44.6	23.96	93.35
8	3.29	47.6	26.21	92.6
9	3.73	50	28.12	91.9
10	4.16	52.2	29.92	91.3
11	4.61	54.1	31.58	90.8
12	5.07	55.8	33.06	90.5
13	5.51	57.4	34.51	89.7
14	5.98	58.8	35.83	89.2
15	6.46	60	36.98	89.0
16	6.86	61.1	38.06	88.3
17	7.41	62.2	39.16	87.9
18	7.95	63.2	40.18	87.7
19	8.41	64.3	41.27	87.4
20	8.92	65	42.09	87.0
21	9.42	65.8	42.94	86.7
22	9.93	66.6	43.82	86.4
23	10.48	67.3	44.61	86.2
24	11	68	45.41	85.95
25	11.53	68.6	46.08	85.7
26	12.08	69.3	46.9	85.4
27	12.64	69.8	47.49	85.2
28	13.19	70.3	48.08	85.0
29	13.77	70.8	48.68	84.8

续表

液相组成		气相组成		沸点(℃)
乙醇质量百分数	乙醇摩尔百分数	乙醇质量百分数	乙醇摩尔百分数	
30	14.35	71.3	49.3	84.7
31	14.95	71.7	49.77	84.5
32	15.55	72.1	50.27	84.3
33	16.15	72.5	50.78	84.2
34	16.77	72.9	51.27	83.85
35	17.41	73.2	51.67	83.75
36	18.03	73.5	52.04	83.7
37	18.08	73.8	52.43	83.5
38	18.34	74	52.68	83.4
39	20	74.3	53.09	83.3
40	20.58	74.6	53.46	83.1
41	21.38	74.8	53.76	82.95
42	22.07	75.1	54.12	82.78
43	22.78	75.4	54.54	82.65
44	23.51	75.6	54.8	82.4
45	24.25	75.9	55.22	82.45
46	25	76.1	55.48	82.35
47	25.75	76.3	55.74	82.3
48	26.53	76.5	56.03	82.15
49	27.32	76.8	56.44	82.0
50	28.12	77	56.71	81.9
51	28.93	77.3	57.12	81.8
52	29.8	77.5	57.41	81.7
53	30.61	77.7	57.7	81.6

续表

液相组成		气相组成		沸点(℃)
乙醇质量百分数	乙醇摩尔百分数	乙醇质量百分数	乙醇摩尔百分数	
54	31.47	78	58.11	81.5
55	32.34	78.2	58.39	81.4
56	33.24	78.5	58.78	81.3
57	34.16	78.7	59.1	81.25
58	35.09	79	59.55	81.2
59	36.02	79.2	59.84	81.1
60	36.93	79.5	60.29	81.0
61	37.97	79.7	60.58	80.95
62	38.95	80	61.02	80.85
63	40	80.3	61.44	80.75
64	41.02	80.5	61.61	80.65
65	42.09	808	62.22	80.6
66	43.17	81	62.52	80.5
67	44.27	81.3	62.99	80.45
68	45.41	81.6	63.43	80.4
69	46.55	81.9	63.91	80.3
70	47.74	82.1	64.21	80.2
71	48.92	82.4	64.7	80.1
72	50.16	82.8	65.34	80
73	51.39	83.1	65.81	79.95
74	52.68	83.4	66.28	79.85
75	54	83.8	66.92	79.75
76	55.34	84.1	67.42	79.72
77	56.71	84.5	68.07	79.7

续表

液相组成		气相组成		沸点(℃)
乙醇质量百分数	乙醇摩尔百分数	乙醇质量百分数	乙醇摩尔百分数	
78	58.11	84.9	68.76	79.65
79	59.55	85.4	69.59	79.55
80	61.02	85.8	70.29	79.5
81	62.52	86	70.63	79.4
82	64.05	86.7	71.86	79.3
83	65.64	87.2	72.71	79.2
84	67.27	87.7	73.61	79.1
85	68.92	88.3	74.69	78.95
86	70.63	88.9	75.82	78.85
87	72.36	89.5	76.93	78.75
88	74.15	90.1	78	78.65
89	75.99	90.7	79.26	78.6
90	77.88	91.3	80.42	78.5
91	79.82	92	81.83	78.4
92	81.88	92.7	83.26	78.3
93	83.87	93.5	84.26	78.27
94	85.97	94.2	86.4	78.2
95	88.13	95.05	88.13	78.17
95.57	89.41	95.57	89.41	78.15

5. 乙醇-水溶液的物理常数(101.3 kPa,20℃)

相对密度(g/ml)	质量分数(%)	体积分数(%)	相对密度(g/ml)	质量分数(%)	体积分数(%)
0.998	0.15	0.2	0.915	49.5	57.4

续表

相对密度（g/ml）	质量分数（%）	体积分数（%）	相对密度（g/ml）	质量分数（%）	体积分数（%）
0.996	1.20	1.5	0.910	51.8	59.7
0.994	2.30	3.0	0.905	53.9	61.9
0.992	3.50	4.4	0.900	56.2	64.0
0.990	4.70	5.9	0.895	58.3	66.2
0.988	5.90	7.4	0.890	60.5	68.2
0.985	7.90	9.9	0.885	62.7	70.2
0.982	10.0	12.5	0.880	64.8	72.2
0.980	11.5	14.2	0.875	66.9	74.2
0.978	13.0	16.0	0.870	69.0	76.1
0.975	15.3	18.9	0.865	71.1	77.9
0.972	17.6	21.7	0.860	73.2	79.7
0.970	19.1	23.5	0.855	75.3	81.5
0.968	20.6	25.3	0.850	77.3	83.3
0.965	22.8	27.8	0.845	79.4	85.0
0.962	24.8	30.3	0.840	81.4	86.6
0.960	26.2	31.8	0.835	83.4	88.2
0.957	28.1	34.0	0.830	85.4	89.8
0.954	29.9	36.1	0.825	87.3	91.2
0.950	32.2	38.8	0.820	89.2	92.7
0.945	35.0	41.3	0.815	91.1	94.1
0.940	37.6	44.8	0.810	93.0	95.4
0.935	40.1	47.5	0.805	94.4	96.6
0.930	42.6	50.2	0.800	96.5	97.7
0.925	44.9	52.7	0.795	98.2	98.9
0.920	47.3	55.1	0.791	99.5	99.7

6. 丙酮饱和蒸气压与温度的关系

温度 t/℃	饱和蒸气压 p_s/mmHg	温度 t/℃	饱和蒸气压 p_s/mmHg	温度 t/℃	饱和蒸气压 p_s/mmHg
5	90.07	16.5	157.4	28	261.41
5.5	92.39	17	161.08	28.5	266.96
6	94.76	17.5	164.82	29	272.60
6.5	97.18	18	168.63	29.5	278.34
7	99.56	18.5	172.52	30	284.18
7.5	102.17	19	176.47	30.5	290.12
8	104.75	19.5	180.51	31	296.16
8.5	107.37	20	184.61	31.5	302.30
9	110.06	20.5	188.8	32	308.54
9.5	112.79	21	193.06	32.5	314.88
10	115.59	21.5	197.39	33	321.33
10.5	118.44	22	201.81	33.5	327.89
11	121.35	22.5	206.31	34	334.55
11.5	124.31	23	210.31	34.5	341.32
12	127.34	23.5	215.55	35	348.21
12.5	130.34	24	220.30	35.5	355.20
13	133.57	24.5	225.13	36	362.31
13.5	136.78	25	230.04	36.5	369.53
14	140.06	25.5	235.05	37	376.87
14.5	143.39	26	240.14	37.5	384.32
15	146.80	26.5	245.32	38	391.89
15.5	150.26	27	250.59	38.5	399.58
16	153	27.5	255.95	39	407.40

7. 丙酮-水溶液的平衡分压

液相含量 x	平衡分压 p^* /kPa				
	10℃	20℃	30℃	40℃	50℃
0.01	0.906	1.599	2.706	4.399	7.704
0.02	1.799	3.066	4.998	7.971	12.129
0.03	2.692	4.479	7.131	11.063	16.528
0.04	3.466	5.705	8.997	18.862	20.660
0.05	5.185	6.838	10.796	16.528	24.525
0.06	4.745	7.757	12.263	18.794	27.724
0.07	5.318	8.664	13.596	20.926	30.923
0.08	5.771	9.431	14.928	22.793	33.722
0.09	6.297	10.197	16.128	24.525	36.255
0.10	6.744	10.930	17.061	26.258	38.654

8. 丙酮在空气中的极限含量

温度/℃	饱和含量 y/%	温度/℃	饱和含量 y/%
0	8.5	258	24.4
10	11.4	30	30.9
15	14.6	35	38.2
20	17.9	40	46.3

9. 氨气的性质

温度/℃	0	5	10	15	20	25	30	35	40	45	50
饱和蒸气压/kPa	338.5	515.8	615.0	728.8	857.2	1002.8	1166.5	1350.0	1554.4	1781.4	2032.7
密度/(kg/m^3)	3.452	4.108	4.859	5.718	6.694	7.795	9.034	10.431	12.005	13.774	15.756

10. 文丘管流量计压差计示值与流量的换算关系(喉径 d_V=14 mm,管径 $\phi40\times4$)

R/mmHg	1	5	10	20	30	40	50	60	70	80
Q/(L/s)	0.262	0.579	0.816	1.148	1.402	1.615	1.803	1.973	2.129	2.274
R/mmHg	90	100	200	300	400	500	600	700	800	1000
Q/(L/s)	2.410	2.538	3.572	4.363	5.028	5.613	6.141	6.626	7.077	7.900

注:R—Q 的拟合关系式为:lgQ=0.4931,lgR=0.5817,式中,Q—L/s;R—mmHg。

11. 壁面污垢的热阻(污垢系数)

(1)冷却

单位:m²·℃/W

加热流体的温度/℃	115 以下		115~205	
水的温度/℃	25 以下		25 以上	
水的流速/(m/s)	1 以下	1 以上	1 以下	1 以上
海水	0.8598×10^{-4}	0.8598×10^{-4}	1.7197×10^{-4}	1.7197×10^{-4}
自来水、井水、湖水、软化锅炉水	1.7197×10^{-4}	1.7197×10^{-4}	3.4394×10^{-4}	3.4394×10^{-4}
蒸馏水	0.8598×10^{-4}	0.8598×10^{-4}	0.8598×10^{-4}	0.8598×10^{-4}
硬水	5.1590×10^{-4}	5.1590×10^{-4}	8.598×10^{-4}	8.598×10^{-4}
河水	5.1590×10^{-4}	3.4394×10^{-4}	6.8788×10^{-4}	5.1590×10^{-4}

(2)工业用气体

单位:m²·℃/W

气体名称	热阻	气体名称	热阻
有机化合物	0.8598×10^{-4}	溶剂蒸气	1.7197×10^{-4}
水蒸气	0.8598×10^{-4}	天然气	1.7197×10^{-4}
空气	3.4394×10^{-4}	焦炉气	1.7197×10^{-4}

(3)工业用液体

单位：$m^2 \cdot ℃/W$

液体名称	热阻	液体名称	热阻
有机化合物	1.7197×10^{-4}	熔盐	0.8598×10^{-4}
盐水	1.7197×10^{-4}	植物油	5.1590×10^{-4}

(4)石油分馏物

单位：$m^2 \cdot ℃/W$

馏出物名称	热阻	馏出物名称	热阻
原油	$3.4394 \times 10^{-4} \sim 12.098 \times 10^{-4}$	柴油	$3.4394 \times 10^{-4} \sim 5.1590 \times 10^{-4}$
汽油	1.7197×10^{-4}	重油	8.598×10^{-4}
石脑油	1.7197×10^{-4}	沥青油	17.197×10^{-4}
煤油	1.7197×10^{-4}		